フロイディアン・ステップ

分析家の誕生

Koji Togawa

［日］十川幸司　著

莫唯健　译

弗洛伊德的步伐

分析家的诞生

上海三联书店

目　录

总序：翻译之为精神分析家的任务

无意识只能通过语言的纽结来翻译。

——雅克·拉康

自弗洛伊德发现无意识以来，精神分析思想的传播及其文献的翻译在历史上就是紧密交织的。事实上，早在 20 世纪初弗洛伊德携其弟子荣格访美期间，或许是不满于布里尔（美国第一位精神分析家）对其文本的"背叛"——主要是因为布里尔的英语译本为了"讨好"美国读者而大量删减并篡改了弗洛伊德原文中涉及"无意识运作"（即凝缩与移置）的那些德语文字游戏——弗洛伊德就曾亲自将他在克拉克大学的讲座文稿《精神分析五讲》从德语译成了英语，从而正式宣告了精神分析话语作为"瘟疫"的到来。后来，经由拉康的进一步渲染和"杜撰"，这一文化性事件更是早已作为"精神分析的起源与发展"的构成性"神话"而深深铭刻在精神分析运动的历史之中。时至今日，这场精神分析的"瘟疫"无疑也在当代世界的"文明及其不满"上构成了我们精神生活中不可或缺的一部分，借用法国新锐社会学家爱娃·伊洛兹的概念来说，精神分析的话语在很大程度上已然塑造并结构了后现代社会乃至超现代主体的"情感叙事风格"。

　　然而，我们在这里也不应遗忘精神分析本身所不幸罹难的一个根本的"创伤性事件"，也就是随着欧陆精神分析共同体因其"犹太性"而在第二次世界大战期间遭到德国纳粹的迫害，大量德语精神分析书籍惨遭焚毁，大批犹太分析家纷纷流亡英美，就连此前毅然坚守故土的弗洛伊德本人也在纳粹占领奥地利前夕被迫离开了自己毕生工作和生活的维也纳，并在"玛丽公主"的外交斡旋下从巴黎辗转流亡至伦敦，仅仅度过了其余生的最后一年便客死他乡。伴随这场"精神分析大流散"的灾难，连同弗洛伊德作为其"创始人"的陨落，精神分析的话语也无奈丧失了它诞生于其中的"母语"，不得不转而主要以英语来流通。因此，在精神分析从德语向英语（乃至其他外语）的"转移"中，也就必然牵出了"翻译"的问题。在这个意义上，我们甚至可以说，精神分析话语的"逃亡"恰恰是通过其翻译才得以实现了其"幸存"。不过，在从"快乐"的德语转向"现实"的英语的翻译转换中——前者是精神分析遵循其"快乐原则"的"原初过程"的语言，而后者则是遵循其"现实原则"的"次级过程"的语言——弗洛伊德的德语也不可避免地变成了精神分析遭到驱逐的"失乐园"，而英语则在分析家们不得不"适应现实"的异化中成为精神分析的"官方语言"，以至于我们现在参照的基本是弗洛伊德全集的英语《标准版》，而弗洛伊德的德语原文则几乎变成了那个遭到压抑而难以触及的"创伤性原物"，作为弗洛伊德的幽灵和实在界的残余而不断坚持返回精神分析文本的"翻译"之中。

　　由于精神分析瘟疫的传播是通过"翻译"来实现的，这必然会牵出翻译本身所固有的"忠实"或"背叛"的伦理性问题，由此便产生了"正统"和"异端"的结构性分裂。与之相应的结果也导致精神分析在英美世界中的发展转向了更多强调"母亲"的角色（抱持和涵容）而非"父亲"的作用（禁止和阉割），更多强调"自我"

的功能而非"无意识"的机制。纵观精神分析的历史演变，在弗洛伊德逝世之后，无论是英国的"经验主义"传统还是美国的"实用主义"哲学，都使精神分析丧失了弗洛伊德德语原典中浓厚的"浪漫主义"色彩：大致来说，英国客体关系学派把精神分析变成了一种体验再养育的"个人成长"，而美国自我心理学派则使之沦为一种情绪再教育的"社会控制"。正是在这样的历史大背景下，以拉康为代表的法国精神分析思潮可谓是一个异军突起的例外。就此而言，拉康的"回到弗洛伊德"远非只是一句挂羊头卖狗肉的口号，而实际上是基于德语原文（由于缺乏可靠的法语译本）而对弗洛伊德思想的系统性重读和创造性重译。举例来说，拉康将弗洛伊德的箴言"Wo Es war, soll Ich werden"（它之曾在，吾必往之）译作"它所在之处，我必须在那里生成"而非传统上理解的"本我在哪里，自我就应该在哪里"或"自我应该驱逐本我"。在弗洛伊德的基本术语上，拉康将德语"Trieb"（驱力）译作"冲动"（pulsion）而非"本能"，从而使之摆脱了生物学的意涵；将"Verwerfung"（弃绝）译作"除权"（forclusion）而非简单的"拒绝"（rejet），从而将其确立为精神病的机制。另外，他还极具创造性地将"无意识"译作"大他者的话语"，将"凝缩"和"移置"译作"隐喻"和"换喻"，将"表象代表"译作"能指"，将"俄狄浦斯"译作"父性隐喻"，将"阉割"译作"父名"，将"创伤"译作"洞伤"，将"力比多"译作"享乐"……凡此种种，不胜枚举。拉康曾说："倘若没有翻译过弗洛伊德，便不能说真正读懂了弗洛伊德。"相较于英美流派主要将精神分析局限于心理治疗的狭窄范围而言，拉康派精神分析则无可非议地将弗洛伊德思想推向了社会思想文化领域的方方面面。据此，我们便可以说，正是通过拉康的重译，弗洛伊德思想的"生命之花"才最终在其法语的"父版倒错"（père-version）中得到了最繁盛的绽放。

回到精神分析本身来说，我甚至想要在此提出，翻译在很大程度上构成了精神分析理论与实践的"一般方法论"：首先，就其理论而言，弗洛伊德早在 1896 年写给弗利斯的名篇《第 52 封信》中就已经谈到了"翻译"作为从"无意识过程"过渡至"前意识–意识过程"的系统转换，这一论点也在其 1900 年的《释梦》第 7 章的"心理地形学模型"里得到了更进一步的阐发，而在其 1915 年《论无意识》的元心理学文章中，"翻译"的概念更是成为从视觉性的"物表象"（Sachvorstellung）过渡至听觉性的"词表象"（Wortvorstellung）的转化模型，因而我们可以说，"精神装置"就是将冲动层面上的"能量"转化为语言层面上的"意义"的一部"翻译机器"；其次，就其实践而言，精神分析临床赖以工作的"转移"现象也包含了从一个场域移至另一场域的"翻译"维度——这里值得注意的是，弗洛伊德使用的"Übertragung"一词在德语中兼有"转移"和"翻译"的双重意味——而精神分析家所操作的"解释"便涉及对此种转移的"翻译"。从拉康的视角来看，分析性的"解释"无非就是通过语言的纽结而对无意识的"翻译"。因而，在精神分析的语境下，"翻译"几乎就是"解释"的同义词，两者在很大程度上共同构成了精神分析家必须承担起来的责任和义务。

说翻译是精神分析家的"任务"，这无疑也是在回应瓦尔特·本雅明写于 100 年前的《译者的任务》一文。在这篇充满弥赛亚式论调的著名"译论"中，本雅明指出，"译者的任务便是要在译作的语言中创造出原作的回声"，借由不同语言之间的转换来"催熟纯粹语言的种子"。在本雅明看来，每一门"自然语言"皆在其自身中携带着超越"经验语言"之外的"纯粹语言"，更确切地说，这种纯粹语言是在"巴别塔之前"的语言，即大他者所言说的语言，而在"巴别塔之后"——套用美国翻译理论家乔治·斯坦纳的名著标题来说——翻译的行动便在于努力完成对于永恒失落的纯粹语言的"哀悼工作"，从而使译作成为原作的"转世再生"。如此一来，悲剧的译者才能在保罗·利柯所谓的"语言的好客性"中寻得幸福。与译者的任务相似，分析家的任务也是要在分析者的话语文本中听出纯粹能指的异声，借由解释的刀口来切出那个击中实在界的"不可译之脐"，拉康将此种旨在聆听无意识回响和共鸣的努力称作精神分析家的"诗性努力"，对分析家而言，这种诗性努力就在于将语言强行逼成"大他者的位点"，对译者而言，则是迫使语言的大他者成为"译（异）者的庇护所"。

继本雅明之后，法国翻译理论家安托瓦纳·贝尔曼在其《翻译宣言》中更是大声疾呼一门"翻译的精神分析学"。他在翻译的伦理学上定位了"译者的欲望"，正是此种欲望的伦理构成了译者的行动本身。我们不难看出，"译者的欲望"这一措辞明显也是在影射拉康在精神分析的伦理学上所谓的"分析家的欲望"，即旨在获得"绝对差异"的欲望。与本雅明一样，在贝尔曼看来，翻译的伦理学目标并非旨在传递信息或言语复述："翻译在本质上是开放、是对话、是杂交、是对中心的偏移"，而那些没有将语言本身的"异质性"翻译出来的译作都是劣质的翻译。因此，如果搬出"翻译即背叛"（traduttore-traditore）的老生常谈，那么与其说译者在伦理上总是会陷入"忠实"或"背叛"的两难困境，不如说总是会有一股"翻译冲动"将译者驱向以激进的方式把"母语"变得去自然化，用贝尔曼的话说，"对母语的憎恨是翻译冲动的推进器"，所谓"他山之石，可以攻玉"便是作为主体的译者通过转向作为他者的语言而对其母语的复仇！贝尔曼写道："在心理层面上，译者具有两面性。他需要从两方面着力：强迫自我的语言吞下'异'，并逼迫另一门语言闯入他的母语。"在翻译中，一方面，译者必须考虑到如何将原文语言中的"他异性"纳入译文；另一方面，译者必须考虑到如何让原文语言中受到遮蔽而无法道说的"另一面"在其译文中开显出来，此即贝尔曼所谓的"异者的考验"（l'épreuve de l'étranger）。

就我个人作为"异者"的考验来说，翻译无疑是我为了将精神分析的"训练"与"传递"之间的悖论扭结起来而勉力为之的"症状"，在我自己通过翻译的行动而承担起"跨拉康派精神分析者（家）"（psychanalystant translacanien）的命名上，说它是我的"圣状"也毫不为过。作为症状，翻译精神分析的话语无异于一种"译症"，它承载着"不满足于"国内现有精神分析文本的癔症式欲望，而在传播精神分析的瘟疫上，我也希望此种"译症"可以演变为一场持续发作的"集体译症"，如此才有了与拜德雅图书工作室合作出版这套"精神分析先锋译丛"的想法。

回到精神分析在中国发展的历史来说，20世纪八九十年代的"弗洛伊德热"便得益于我国老一辈学者自改革开放以来对弗洛伊德著作的大规模翻译，而英美精神分析各流派在21世纪头二十年于国内心理咨询界的盛行也是因为相关著作伴随着各种系统培训的成批量引进，但遗憾的是，也许是碍于版权的限制和文本的难度，国内当下的"拉康热"却明显绕开了拉康原作的翻译问题，反而是导读类的"二手拉康"更受读者青睐，故而我们的选书也只好更多偏向于拉康派精神分析领域较为基础和前沿的著作。对我们来说，拉康的原文就如同他笔下的那封"失窃的信"一样，仍然处在一种"悬而未决／有待领取／陷入痛苦"（en souffrance）的状态，但既然"一封信总是会抵达其目的地"，我们就仍然可以对拉康精神分析在中国的"未来"抱以无限的期待，而这可能将是几代精神分析译者共同努力完成的任务。众所周知，弗洛伊德曾将"统治""教育""分析"并称为三种"不可能的职业"，而"翻译"则无疑也是命名此种"不可能性"的第四种职业，尤其是在精神分析的意义上对不可能言说的实在界"享乐"的翻译（从"jouissance"到"joui-sens"再到"j'ouis sens"），根据拉康的三界概念，我们可以说，译者的任务便在于经由象征界的语言而从想象界的"无能"迈向实在界的"不可能"。拉康曾说，解释的目的在于"掀起波澜"（faire des vagues），与之相应，我们也可以说，翻译的目的如果不在于"兴风作浪"的话，至少也在于"推波助澜"，希望这套丛书的出版可以为推动精神分析在中国的发展掀起一些波澜。

当然，翻译作为一项"任务"必然会涉及某种"失败"的维度，正如本雅明所使用的德语"die Aufgabe"一词除了"任务"之意，也隐含着一层"失败"和"认输"的意味，毕竟，诚如贝尔曼所言："翻译的形而上学目标便在于升华翻译冲动的失败，而其伦理学目标则在于超越此种失败的升华。"就此而言，译者必须接受至少两种语言的阉割，才能投身于这场"输者为赢"的游戏。这也意味着译者必须在翻译中承担起"负一"（moins-un）的运作，在译文对原文的回溯性重构中引入"缺失"的维度，而这是通过插入注脚和括号来实现的，因而译文在某种意义上也是对原文的"增补"。每当译者在一些不可译的脐点上磕绊之时，译文便会呈现出原文中所隐藏的某种"真理"。因此，翻译并不只是对精神分析话语的简单搬运，而是精神分析话语本身的生成性实践，它是译者在不同语言的异质性之间实现的"转域化"操作。据此，我们便可以说，每一次翻译在某种程度上都是译者的化身，而译者在这里也是能指的载体，在其最严格的意义上，在其最激情的版本中，精神分析的"文字"（lettre）就是由译者的身体来承载的，它是译者随身携带的"书信"（lettre），因此希望译文中在所难免的"错漏"和"误译"（译者无意识的显现）可以得到广大读者朋友的包容和指正。

延续这个思路，翻译就是在阉割的剧情内来复现母语与父法之间复杂性的操作。真正的翻译都是以其"缺失"的维度而朝向"重译"开放的，它从一开始就服从于语言的不充分性，因而允许重新修订和二次加工便是承担起阉割的翻译。从这个意义上说，翻译总是复多性和复调性的，而非单一性和单义性的，因为"不存在大他者的大他者"且"不存在元语言"，因而也不存在任何"单义性"（意义对意义）的标准化翻译。标准化翻译恰恰取消了语言中固有的歧义性维度，如果精神分析话语只存在一种翻译的版本，那么它就变成了"主人话语"。作为主人话语的当代倒错性变体，"资本主义话语"无疑以其商品化的市场版本为我们时代症状的"绝对意义"提供了一种"推向同质化"的现成翻译：反对大他者的阉割，废除实在界的不可能，无限加速循环的迷瘾，不惜一切代价的享乐。诚如《翻译颂》的作者和《不可译词典》的编者法国哲学家芭芭拉·卡辛所言："翻译之于语言，正如政治之于人类。"因此，在无意识的政治中，如果我们可以说翻译是一种"知道如何处理差异"（savoir-y-faire avec les différences）的"圣状"，那么资本主义的全球化则导致了抹除语言差异的扁平化，它是"对翻译的排除，这与维持差异并沟通差异的姿态截然相反"。因而，在文明及其不满上，如果说弗洛伊德的遗产曾通过翻译而从法西斯主义的磨难中被拯救出来，那么今日精神分析译者的任务便是要让精神分析话语从晚期资本主义对无意识的驱逐中幸存下来！

最后，让我们再引用一句海德格尔的话来作结："正是经由翻译，思想的工作才会被转换至另一种语言的精神之中，从而经历一种不可避免的转化。但这种转化也可能是丰饶多产的，因为它会使问题的基本立场得以在新的光亮下显现出来。"谨在此由衷希望这套译丛的出版可以为阐明"精神分析问题的基本立场"带来些许新的光亮。

李新雨

2024 年夏于南京百家湖畔

序　章

弗洛伊德的步伐

在降临于正直人类的命运面前，我别无他求，只有一个深藏心底的愿望。我只求不患久病，不落凄惨又力不从心的境地。正如麦克白国王所言：奋斗至死！

——弗洛伊德致奥斯卡·普菲斯特[*]的信（1910年3月6日）

1　两条道路

若按年代顺序阅读弗洛伊德的文本，我们会惊讶于其著作的高度一致性与普遍性。事实上，从如今被巧妙地医学化的精神分析和精神病理学的领域来看，弗洛伊德的构想看似具有偏颇和特殊的性质。此外，与任何构想一样，弗洛伊德的思想也无法跳脱其时代、文化与个人方面的制约。因此，从当前的精神医学或精神分析的视角来批判弗洛伊德的思想，是轻而易举的。但另一方面，其理论也确实具有很强的普遍性。直至今日，我们之所以仍在阅读弗洛伊德，可以归因于其构想所具有的普遍性。在19世纪，存在几种以皮埃尔·让内[**]

---

[*]　奥斯卡·普菲斯特（Oskar Pfister，1837—1956），瑞士牧师、宗教心理学者，弗洛伊德的追随者与多年挚友。——译者注

[**]　皮埃尔·让内（Pierre Janet，1859—1947），20世纪上半叶法国精神病理学界和临床心理学界泰斗，因其对癔症理论、精神衰弱症论和精神功能的阶层秩序的研究而闻名于世。著名的弟子有丹尼尔·拉加什和亨利·艾伊。著有《心理学的医学》《心理学的自动症》《解离的病历》《被害妄想》等。——译者注

为首的与精神分析类似的理论思想，亨利·艾伦伯格[*]的著作对其进行了详细论述。[1]然而，为什么仅有弗洛伊德构建了在现代仍通用且具有极强普遍性的理论呢？

*

与异质的他者进行的对话构成了精神分析的行为。持有症状的患者前来拜访分析家，在躺椅上进行自由联想，分析家则对这些联想加以解释，这一系列的行为构成了精神分析的装置。而且，在这个装置中所产生的患者经验，不仅使患者从症状中解放出来，也给其生命带来了变容。精神分析的理论是通过这种经验来阐明人类病理的知识，而技术则是为了引导在精神分析的装置中所产生的特殊经验直至其最终形态的知识。然而，患者和分析家都生活在某个特定的时代与文化背景中，因此其中产生的经验并非独立于时代的普遍事物。精神分析的理论与技术，或多或少都依存于其时代和文化背景。迄今为止，精神分析学派内部的争论大都潜藏着文化上的分歧。当然，详细讨论基于时代与文化差异的理论、技术问题，是非常重要的。然而，为了使精神分析在 21 世纪仍作为一门具有发展潜力的学科，我们不能忘记弗洛伊德的构想是如何获得普遍性的这一问题。在弗洛伊德看来，存在两条通向普遍性的道路。

一条是科学的道路。从初期的《科学心理学大纲》到后期，弗洛伊德一直试图通过科学将自己的构想与普遍的知识相连。这种依据科学的方法，在弗洛伊德逝世后的近 20 年无人问津。但到了 1950 年代中期，雅克·拉康[**]将"语言学"这种崭新的"科学"模型作为

---

[*] 亨利·艾伦伯格（Henri Ellenberger，1905—1993），加拿大精神病学家、医学史学家和犯罪学家，因《无意识的发现》一书而闻名于世。——译者注
[**] 雅克·拉康（Jacques Lacan，1901—1981），法国精神分析家兼精神病学家，被视为继弗洛伊德之后最具原创性和影响力的精神分析家，其理论对法国结构主义和后现代思想具有深远影响。——译者注

理论的基础，由此带来了新的发展。同时期的威尔弗雷德·比昂*则依据心理功能的"科学"模型，进一步完善了自己的理论。[2]

另一条道路是个别案例。弗洛伊德多次指出其案例报告的局限性，认为案例报告对于理论的构建是不完整的，不可能从一个案例导出所有的精神分析理论。但另一方面，在他的案例报告中，我们可以察觉到一种从单个案例导出所有理论的强烈意志。案例报告是个别的事物，看似朝向与普遍相反的方向。虽然我们当下治疗的患者与弗洛伊德的案例几乎没有共同之处，但我们仍旧将弗洛伊德的案例报告当作宝贵的文献资料来阅读，这是因为弗洛伊德的经验确保了通向普遍性的道路。我们也可以从现代优秀的案例记述（例如被称作后克莱因派的分析家们的经验）中，读取出这种通过个别的经验走向普遍的道路。弗洛伊德的案例报告犹如一部跌宕起伏的长篇小说，而后克莱因派的案例报告则如同短篇小说，在其中可以倾听分析家与患者在每次治疗中的话语回声，甚至沉默间的呼吸。在这两种体验中，我们都能窥见人类深处的样态，它超越了时代与文化的限制，并以普遍的形式呈现出来。

在弗洛伊德看来，这两条通往普遍性的道路就如同一枚硬币的两面，共同实现了他的构想。然而，在弗洛伊德之后的精神分析中，这两条道路独立发展，并在其顶端以无法缝合的形式分离开来。如果说今天的精神分析已日薄西山，那首先是因为现代的精神分析家没有充分继承弗洛伊德的思想所蕴含的力量。如今急需的是，以我们自己的方式重新发现弗洛伊德倾尽全力所开辟的普遍性通道。

本书的目的在于解读弗洛伊德，即通过对弗洛伊德的解读，回溯其理论的生成过程，在此背景下勾勒出一组尚未显现的问题群的可能性，并从当代的视角重新探讨弗洛伊德的精神分析所开辟的普

---

* 威尔弗雷德·比昂（Wilfred Bion, 1897—1979），英国精神分析家兼精神病学家，群体动力学研究的先驱。与梅兰妮·克莱因、唐纳德·温尼克特和罗纳德·费尔贝恩并列为英国精神分析的代表性人物。——译者注

遍性通道。虽然本书主要涉及弗洛伊德的临床性文本，但也涵盖了没有被公开讨论的内容和弗洛伊德的全部著作。弗洛伊德的理论不仅局限于临床实践，也在近现代的人类、思想与文化的理解中产生了深远影响。但毫无疑问的是，弗洛伊德理论的核心在于临床，而社会文化类的文本只不过是一种应用形式。本书试图通过解读构成弗洛伊德思想核心的基本临床文献，重新发现弗洛伊德思想中的本源力量。

在开展这项工作时，我们应牢记一个观点，即以现代临床为依托来阅读弗洛伊德。保罗·利科[*]曾指出，如果仅通过文本来阅读弗洛伊德，则可能陷入偏颇的文本理解或单纯的文献考察的误区；而另一方面，如果将对弗洛伊德的阅读限定于实际的临床情景，则会扁平化其文本所具有的多种侧面。[3]利科的评论可谓正中靶心。事实上，这两种观点都必不可缺。以临床经验为基础，细读弗洛伊德的文本，而不是将其扁平化。我不想止步于此，而是更进一步，尝试将这种阅读工作与现代的临床相接续。为此，我们有时不得不与弗洛伊德展开对决。

现在，我们将从"弗洛伊德的方法"问题入手，开始对弗洛伊德的解读。这是因为，当一种构想具有普遍性时，它的力量往往源于其方法。然而，最麻烦的莫过于讨论弗洛伊德的方法。我刚才提及科学的方法论作为一种通往普遍性的道路，但弗洛伊德的方法不能被科学一词所简单概括。本来，在弗洛伊德的步伐中是否存在一以贯之的方法也令人生疑。即便查阅过去的文献，也绝不能说有很多正视弗洛伊德方法的文章。保罗·贝尔谢里[**]的研究就是一个例子，他总结道，弗洛伊德在不同时期依据不同的理论模型，不可能对这

---

[*]　保罗·利科（Paul Ricoeur，1913—2005），法国哲学家兼历史学家，因将解释学与现象学描述相结合而闻名于世。——译者注

[**]　保罗·贝尔谢里（Paul Bercherie，1948— ），法国精神分析家兼精神病学家，著有《临床的基础》《弗洛伊德概念的起源》《精神病的结构》等。——译者注

些模型一概而论。[4] 此外，以利科为首的诸多学者将弗洛伊德的象征性思考、能量论的解释，以及贯穿元心理学研究的二元思考作为其思想的特点，但即便列举出其思想的无数特征，也无法阐明"弗洛伊德的方法"。那么，我们该如何思考弗洛伊德的方法呢？

2　理论模型的变迁

关于弗洛伊德的思想变迁，最近由让－米歇尔·基诺多斯[*]提出的分类得到了广泛支持。[5] 基诺多斯将弗洛伊德的文本分为第一期（1895—1910）、第二期（1911—1920）和第三期（1920—1939）。尽管我大致赞同这一分类，但如果考虑到弗洛伊德从初期开始就对精神病感兴趣，我们就会发现以下的主张并不准确，即认为第二期始于《关于一个偏执狂案例的自传性描述的精神分析考察》（1911年；下文简称《施瑞伯论》），而弗洛伊德则通过这篇文章将精神分析实践的范围扩展至精神病。此外，也有人主张第一期为1895—1900年、第二期为1901—1909年、第三期为1910—1919年、第四期为1920—1939年。这种分类仅将1910—1920年以十年为单位进行划分，而这种划分没有明确的依据。对许多学者来说，尽管可以从《科学心理学大纲》（或者《癔症研究》）与《超越快乐原则》这两个文本中，轻易地读取出弗洛伊德方法的根本变化，但要找到介于这两本出版间隔长达25年的著作之间的转折性文本却相当困难。我认为这一转折点位于《自恋导论》，我会在之后陈述理由。首先，我将弗洛伊德的方法变迁分为三个时期，并呈现各个时期的方法论特征，思考各个时期的差异与共通点。

初期（1895—1910年左右）方法的代表性文本是《科学心理学

---

[*]　让－米歇尔·基诺多斯（Jean-Michel Quinodoz，1934— ），瑞士精神分析家兼精神病学家，著有《阅读弗洛伊德：按年代顺序探索弗洛伊德的著作》。——译者注

大纲》。众所周知，该文本试图将精神装置的机制全面描述为量的过程。弗洛伊德所说的"量"是神经元的兴奋量，尽管区分了由外部（来自外界的）刺激或内部刺激（冲动）引发的能量，但除此之外的性质并不明了。心理的诸多过程几乎都可以通过量来说明；而关于质，弗洛伊德则假定其是因量的周期化和节律化而产生的。弗洛伊德这一时期的方法，可被称作依据神经心理学模型的方法。值得注目的是，《科学心理学大纲》的第二部分包含了关于爱玛这一癔症患者的详细临床描述。如果将《科学心理学大纲》的第一部分看作硬币的反面，那么第二部分则是硬币的正面，彼此形成一种对应关系。

中期（1910 年代）的方法特征是通过元心理学概念为精神分析理论奠定基础。弗洛伊德之所以采用这一方法，是因为在精神分析的临床中遇见了自恋的现象。"自恋"的概念由保罗·内克*提出，用以在临床上描述将自己的身体视为性对象的倒错行为。自恋原本是倒错的一种形态，但弗洛伊德大幅修改了这一概念的内容，将其变更为主要指示精神病机制的概念。他将自恋重新定义为"力比多撤回至自我的状态"。此外，在同一时期，弗洛伊德定义了"认同""内摄""对象选择""自我"等精神分析中重要的基本概念。其中关键的是，这些概念的定义皆经由力比多这一能量的媒介而形成。这一时期的方法可被称为通过概念而建构理论的方法。弗洛伊德在这一时期不仅产出了极为重要的元心理学论文，还完成了许多关于临床技术的论文，可谓是一个在临床上收获颇丰的时期。

后期（1920 年以后）的代表性文本是《超越快乐原则》。其中提出的生冲动与死冲动的原则，对立于弗洛伊德之前提出的作为心理法则的初级过程与次级过程，或快乐原则与现实原则。快乐原则

---

* 保罗·内克（Paul Näcke, 1851—1913），德国精神病学家兼犯罪学家，因关于同性恋的著作而闻名，并在 1899 年提出了自恋一词，用以描述将自己的身体视为性对象的倒错行为。——译者注

对应于所有的心理过程。然而，如果深入研究这一原则，就会发现其破绽（彼岸）。在这一破绽处，弗洛伊德发现了在其内部默默运作的死冲动。弗洛伊德指出，正是这种死冲动在最深层次上支撑着精神分析的领域。当然，死冲动也服务于快乐原则。然而，死冲动只有与生冲动相结合，才能在经验世界中被发现。因此，弗洛伊德后期的超越论探索揭示了死冲动的一元论。弗洛伊德提出的对立概念生冲动，不过是为了确保其冲动概念的二元性而引入精神分析领域的概念。

通过发现死冲动概念，弗洛伊德进一步推进了超越论的探索和研究，但"死冲动"与"生冲动"的二元论仅仅是精神分析中超越论探究的暂定结论。死冲动的发现并非精神分析研究的终点。在精神分析的探究过程中没有最终结论，在这一过程中发现的正是可变的原则，它具有不断被颠覆和更新的可能性。此外，值得注意的是，在后期的方法中，与初期和中期的方法一致，以刺激量或内在兴奋（冲动）等量为媒介进行的考察，也起着重要作用。

另外，关于将弗洛伊德的方法变迁大致分为三个时期这一点，需要做一些补充说明。这种时期分类并非展示了弗洛伊德的理论在形成过程中的断裂层面。在弗洛伊德的思考中存在诸多问题，它们犹如菌丛一般错综复杂，其整体面貌不能根据时期来区分。这种分类只是从"弗洛伊德的方法"这一观点，暂时为后续的工作提供一个有效的时期分类。当然，从其他主题角度则会有不同的时期分类。此外，我想强调的一点是，在这一分类中从初期、中期到后期的过渡，并不是以弗洛伊德的步伐"跨越"之前形成的理论这种形式，即以"辩证法的"形式深化发展。与几乎所有真正的思想家一样，弗洛伊德在早期著作《科学心理学大纲》中，便已直抵其思想的核心腹地。之后的理论发展过程，就是在应对新问题的出现以及与既存的诸多问题的拉锯中，构思新的理论装置和概念的过程。因此，弗洛伊德理论的时期变迁实际上是许多错综复杂的问题系的配置变化。弗洛伊德提出了许多问题，并对其中几个问题作了一定的解答。但遗留的问题数量更加庞大。在阅读弗洛伊德的文本时，最常见的陷阱是从后期的理论来重读前期的理论，将弗洛伊德前期的构想置于后期的构想体系中。这种方法无视了弗洛伊德的思考过程，并错误地认为他提出的问题仿佛已被完全解决。

3 方法的力量

因此，虽然在弗洛伊德的理论中可以发现三个不同时期的不同方法，但存在三个主要的共同基础。

首先是弗洛伊德对疾病分类的一贯关注。从初期的"防御 – 神经精神症"（1894）到后期的"神经症与精神病的现实丧失"（1924），弗洛伊德一直痴迷于如何对精神疾患进行分类的问题。而这种痴迷间接决定了其方法论。在"防御 – 神经精神症"中，弗洛伊德已经从理论的角度区分了癔症、强迫性神经症、恐怖症和偏执狂的病因及心理机制。在这种对分类的热情背后，有让 – 马丁·沙可 * 的影响。在沙可的时代，精神病院中遍布癫痫发作和瘫痪的患者，这些疾病没有固定的名称且无法被理解。沙可描述了这些患者的症状，并通过分类为混沌的世界带来了明确的秩序。这最终将有助于疾病的治疗。沙可经常强调疾病分类的重要性。此外，如果考虑到埃米尔·克雷佩林 ** 是弗洛伊德的同时代人（两人均出生于 1856 年），他以与弗洛伊德截然不同的资质和激情，创立了对我们今天仍有决定性影响的疾病分类法，那么可以说，疾病分类是他那个时代的一个紧迫课题。

---

* 让 – 马丁·沙可（Jean-Martin Charcot，1825—1893），法国神经学家、解剖病理学教授。主要研究领域包括催眠和癔症，被誉为"现代神经病学之父"。——译者注
** 埃米尔·克雷佩林（Emil Kraepelin，1856—1926），德国精神病学家，创建了对后世影响深远的精神病分类体系，并首次将精神分裂症与躁狂抑郁症区分开来，被视为现代精神医学的奠基人。著有《精神医学教科书》等。——译者注

在考虑弗洛伊德的疾病分类论时，重要的是意识到这不是基于神经症机制的疾病分类论。弗洛伊德从一开始，就设想对从精神病到倒错的所有精神疾患进行分类，包括其病因和机制。人们常常错误地认为弗洛伊德将神经症治疗中获取的见解扩展至精神病领域，但其实他最初就已将所有精神疾患的分类和治疗纳入自己的构想。弗洛伊德最终将精神病置于分析治疗的适用范围之外，这是其临床经验与理论考察使然，而他最初的构想则更具野心。我们应重新注意到，尤其是在精神分析理论的建构中，精神病往往占据重要位置。

有必要列举的第二个共同基础，是在弗洛伊德的构想中常常涉及量的问题。在初期，量是指刺激量、兴奋量和情感量等。之后，力比多这一冲动的能量成为理论的核心。如前所述，弗洛伊德所提及的量并没有被明确定义。目前并不清楚量的性质及其实际的程度。然而，毋庸置疑的是，从量而不是从质出发来建构理论，是弗洛伊德的构想通向普遍性的一个关键。《科学心理学大纲》基本由围绕刺激量的考察而构成，这一考察随后过渡到质如何从量中生成的问题，并从这一问题系中建构了关于记忆与无意识的理论。之后的精神分析的诸概念，几乎都以力比多这一量为媒介而被创建。例如，如果没有力比多的概念作为媒介，"对象""认同""超我"等元心理学的核心概念就不可能被设想。自恋的概念（即对象力比多朝向自我）也一样，如果没有假设力比多的流动，就无法诞生。弗洛伊德提出的精神分析理论的诸法则，如快乐原则和现实原则，以至于生冲动和死冲动的对立等，都是以力比多为基础而被提倡的。在现代的临床中，对于弗洛伊德提出的诸多概念的运用，已然脱离了力比多这一量的概念。但我们必须重新意识到，在这一概念形成的过程中存在着量的媒介。

关于量的考察处于弗洛伊德的治疗论的核心。他认为在所有精神疾病的根部，皆存在量的不调和[6]（量的过大或不调和构成了患者的"心理现实"）。心理功能为了维持自身运作，会竭力降低兴奋量。弗洛伊德论述道，转化兴奋量的能力将决定个人所患的疾病。例如，初期的弗洛伊德假设量的移动机制根据疾病类别而不同：在癔症中，兴奋量会转化为身体的症状（即转换症状）；在强迫症中则会与"错误的表象"相结合；而在幻觉性错乱中，无法忍受的表象会伴随着情感一起被弃绝。[7]

在治疗机制方面，初期的宣泄疗法侧重于释放兴奋量，随后治疗的核心则移至转移的问题。自那以来，治疗的目标即抑制冲动，其成功与否取决于协助治疗的量与抵抗治疗的量之间的拮抗关系，即"我们能够调动的能量与抵抗我们的力量之间的比例关系"[8]。在后期的文章《可终结的分析与不可终结的分析》中，弗洛伊德更加明确地指出，在分析中"成问题的总是量的因素"，并说道分析治疗的本质在于"遏制量的因素（冲动的高涨）的优势"[9]。如果天真地解读弗洛伊德在此的陈述，就会以为提高自我功能、抑制冲动便能导向分析的终结。而另一方面，当弗洛伊德考虑量时，注重的与其说是量的大小与增减，不如说是节奏（即描述刺激量的变化、增大、降低的时间经过）。他在多篇文章中表明，节奏类似于一种调节量的质。[10]如果进一步论证此观点，就可以说分析治疗的本质并非消除内在于患者的量的大小或强度，而是在治疗过程中获得固有的节奏，以缓解患者自身量的不调和。节奏是个人获取的一种内在力量，能够缓和量的不快。这非常类似于之后比昂所述的"α 功能"的内在化。[11]换言之，分析治疗的目标是让患者采用治疗者的"遐想（reverie）功能"，并通过固有的节奏获得代谢自身强烈不适感的能力。

现在，关于第三个共同基础，我想谈谈弗洛伊德自己的一段著名论述，这是他对自己的"方法"唯一有过明确表述的地方。弗洛伊德在《自恋导论》中指出：

精神分析不会羡慕思辨的特权，后者拥有平滑且逻辑无懈可击的基础，而是更愿意探究那种模糊不清且几乎不能被表象的基本思考。科学渴望在这些思考不断发展的过程中能够更加确切地把握它们，有时甚至不惜将其与其他思考进行交换。原因在于，这些基本概念并不是一切所依赖的科学基础。构成精神分析基础的正是（临床的）观察。基本的概念不构成建筑物的底部，而是构成其顶部，因此即便将其更换或撤除也不会造成任何损害。我们在今天的物理学领域也体验到类似的情况，物质、力的中心、引力以及关于其他事物的物理学的基本观点，与精神分析的诸概念相比，可信度并不高。[12]

构成精神分析基础的方法是临床的观察，关于这一点应该没有异议。弗洛伊德自己就是一位伟大的临床观察者。他观察患者的症状与行为，详细观察自己所做的梦，也观察在与患者的治疗关系中产生的各种现象。弗洛伊德拥有卓越的专注力，目光犀利且听觉敏锐。这里所说的观察不是观察量，而是观察质，即观察差异。然而，弗洛伊德在建构自己的理论时不是从质，而是主要从量的观点来展开论述。在此便孕育着弗洛伊德的方法所具有的独特力量。

构成精神分析基础的是对患者的临床观察。但需要再次强调，与其他的精神医学者和心理治疗师不同，弗洛伊德从量的观点建构了一贯的理论。然而，由量所建构的理论，越是追求内在的连贯性就越游离于现实的观察，用弗洛伊德自己的话说，就越容易变成"偏执狂"式的东西。[13]事实上，不能否认弗洛伊德的理论中也存在这种侧面，因此有不少弗洛伊德的弟子因无法接受其与常规观念相悖而离开他。然而，弗洛伊德时常保持着这样的觉悟，即如果存在一个能够颠覆自己理论的案例，就会从根本上舍弃这一理论。在我先前划分的三个时期中，弗洛伊德曾数次更改或放弃自己的构想，并重构理论。这需要坚韧的意志力来保持逻辑的一贯性，并且更重要的是，需要具备以临床观察为首要任务的绝妙平衡感。无论是在初期的神经心理学方法中，还是在通过概念建构理论的方法中，以及在超越论原则的探究中，弗洛伊德都是通过观察与经验来撼动原则，不断更新其理论，使之具有更高的普遍性。

这种绝妙的平衡感也体现在他的临床技术中。弗洛伊德的技术论中存在两种观察方法。一种是聚焦于某一点的探照灯式的观察。弗洛伊德的观察方法通常倾向于探照灯式的观察，这就造成了许多与有意识注意相关的盲点。因此，他建议分析家采用另一种观察方法，即基于"均匀悬浮注意"的观察。而这种有意识地分散注意力的方法成为分析家的基本态度。或许弗洛伊德十分清楚，分散的注意力和在此基础上的低注意力，如何能够产生富有成效和创造性的东西。[14]时而凝聚，时而松弛。时而缩小焦点，时而扩大焦点。如此一来，分析家便在两种观察方法之间来回穿梭。这正是弗洛伊德所构想的观察方法。在理论构建与临床实践中，通过反复聚焦与泛焦来进行观察，这就是弗洛伊德方法的基石。

4 概念的构建

接下来，我将通过研究《自恋导论》这一文本，来具体地思考迄今为止的考察。在这本书中，我们称为中期的方法得到了明确阐述。我之所以关注中期的文本，是因为精神分析的许多概念都诞生于这一时期，并且弗洛伊德步伐的核心及其最大的可能性都处于这一时期的方法中。从现代理论与临床的角度来重新探讨这些概念，将对我们的临床工作大有裨益。关于如何思考初期与后期的方法，我将在之后的章节再次提及。

在进入正题之前，让我们先回顾一下在临床实践中被称作"自恋的（自己爱的）"患者具有哪些特征。这类患者往往自我评价过高，具有独特的脆弱性，看似傲慢，但也有些缺乏自信，倾向于回避社交。在治疗关系中，往往会出现俄狄浦斯式的转移现象，治疗者则容易对患者怀有怨愤和蔑视的反转移。病理层次属于神经症或人格障碍。然而，我们现在称作"自己爱的"病理与弗洛伊德构建的"自恋"概念，在本质上并不相关。"自恋"这一概念是在精神分析的众多概念中使用最不精确的一个。安德烈·格林[*]巧妙地指出了这一情况，并说道："自恋的概念在美国被错误地理解且过度地传播，在英国只有赫伯特·罗森菲尔德[**]着眼于这一点，而在法国则没有继承此概念的分析家。"[15] 日本的情况也类似，最初将"自恋"翻译为"自己爱"，这也是造成误解的原因之一。[16]"自己爱"是一个与精神分析毫无关系的心理学术语。而"自恋"是自我与冲动的病理，可以说与"自我"和"爱"没有直接联系。

借用詹姆斯·斯特雷奇[***]的话，这一文本具有"撑破框架的密度"。可以从多个角度进行讨论，但我将从前述的弗洛伊德方法中存在的三个共同基础出发，重新评估其潜力与难点。

首先是这篇论文对疾病分类的关注。弗洛伊德在这篇文章中似乎以"妄想痴呆"为问题。其中体现出与卡尔·古斯塔夫·荣格[****]关于精神病理解的对立，以及前些年撰写的《施瑞伯论》的影响。然而，弗洛伊德并未将自恋视为妄想痴呆固有的心理机制。他将自恋理解

---

[*]　安德烈·格林（André Green，1927—2012），法国精神分析家，因重构死亡母亲情结、否定、元心理学等理论而闻名。著有《否定的工作》《生命的自恋、死亡的自恋》《论毁灭与死冲动》等。——译者注

[**]　赫伯特·罗森菲尔德（Herbert Rosenfeld，1910—1986），犹太裔英籍精神分析家，客体关系理论创始人梅兰妮·克莱因的追随者，在将精神分析应用于精神病治疗方面做出了杰出贡献，因提出并深化"僵局""投射性认同""毁灭性自恋"等概念理论而闻名。著有《僵局与诠释》《精神病状态：一种精神分析的方式》等。——译者注

[***]　詹姆斯·斯特雷奇（James Strachey，1887—1967），英国精神分析家，与妻子阿里克斯（Alix）一同将弗洛伊德的作品译为英语，是《弗洛伊德著作全集》标准版的总编辑。——译者注

[****]　卡尔·古斯塔夫·荣格（Carl Gustav Jung，1875—1961），瑞士心理学家、精神科医生，分析心理学的创始人。提出情结、原型、个性化、集体无意识、内向性与外向性、人格面具等概念，著有《心理类型》《原型与集体无意识》《回忆、梦、反思》《红书》等。——译者注

为一种广泛见于睡眠状态、与妄想痴呆类似的疑病症、一般的神经症，以及自恋的对象选择等的机制。因此，从疾病分类的观点来看，自恋是一种横跨多种疾病的病理状态，这一概念不能作为一个独立的疾病分类。后来，这一概念在"自恋性神经症"的范畴下，再次与妄想痴呆和忧郁症相关联。因此，弗洛伊德对自恋这一最初源于倒错的病理现象的概念进行了复杂的操作，首先将其扩展至正常现象的领域，然后重新将其视为精神病的机制。弗洛伊德之后的分析家被迫以一种混乱的形式吸纳自恋的概念，部分原因在于弗洛伊德的概念构建所孕育的复杂性。

其次涉及量的问题设定。在这篇论文中，力比多这一"量"的因素是构思诸多概念时的重要媒介。例如，如前所述，在创建自我力比多与对象力比多的概念时，弗洛伊德将这两个概念定义为此消彼长，当一方的量增加时，另一方的量就会减少。而且，在这里也贯穿了以下的原则，即量的增加会引发不快，而量的减少则会带来快感。因此，自恋——自我中力比多蓄积的状态——是令人感到不快的，这显然与这一术语所唤起的形象相矛盾。疑病症或强烈的自我主义就是一种不快。关键是要记住，自恋是一种不愉快的感觉、一种病理。而弗洛伊德在此基础上简单地指出，为了摆脱这种不适感，必须使力比多朝向对象。为了不陷入病态，人必须开始去爱，但如何才能做到这一点，文中并没有阐明。

最后涉及观察的问题。之前我将观察方法分为探照灯式和分散式两种类别，但这里的问题在于观察行为的其他侧面。在这篇文章中，弗洛伊德始终以一种"客观的"和第三者的态度来描述自恋的现象。而且，他试图在适当距离观察的基础上，从理论与临床的角度进行阐释。然而，在以转移和反转移为基础而展开的精神分析行为中，真的存在这种客观的观察吗？众所周知，弗洛伊德的功绩在于发现并理论化转移和反转移的现象。但真正体会这一技术，并发展了理解患者方法的，是弗洛伊德之后的分析家们。在此意义上，可以说弗洛伊德自己并未真正经历过基于转移和反转移的精神分析治疗。

弗洛伊德之所以选择"客观的"描述，是为了维持精神分析的"科学性"，也与弗洛伊德的个人资质有关。此外，关于自恋这一现象，也存在观察对象强加给观察者的态度。弗洛伊德在《精神分析引论》中写道："在自恋性神经症中，我们充其量只能将好奇的目光投向那堵高墙，以窥探墙外发生的事情。"[17]弗洛伊德认为其观察方法是由自恋性神经症的病理所引起的，似乎没有办法克服这堵"墙"。然而，自恋的本质是不能通过"窥探墙外发生的事情"这种观察方法而被理解的。自恋的本质只能通过基于转移和反转移的观察来把握。如此一来，便可以说这篇文章的界限源于彼时弗洛伊德经验的界限。

综上所述，尽管自恋概念的导入在很大程度上颠覆了弗洛伊德的理论体系，并成为发展新理论的一条线索，但这一概念本身从最初导入时就非常错综复杂，难以准确使用（可以说，自恋与力比多的概念一样，在建构理论体系时具有中介其他概念的功能）。就弗洛伊德的文本而言，自恋的概念与疾病分类中的任何病理状态都没有严密关联，也很难设想治疗这种状态的方法。而且最重要的是，弗洛伊德并没有从转移与反转移的角度来观察这种病理状态，因此他曲解了自恋的病理状态的本质，并进一步缩小了精神分析治疗的适用范围。

那么，如果再次从转移与反转移的视角来理解自恋，其本质是什么呢？弗洛伊德似乎从列奥纳多·达·芬奇的《圣母子与圣安妮》画像中窥见了自恋的核心[18]，但自恋的本质并不存在于这样一个甜蜜美好的世界。而且自恋与精神分裂症也没有任何亲缘关系。自恋的本质是否与作为其起源的倒错具有共同的病理性土壤呢？我想从一个具体的例子来探讨这个问题。

5 自恋与倒错

A 是一名超过 45 岁的单身女性，从事专门职业。父亲在患者 20 多岁时去世，母亲从事护理工作，与患者之间的联系非常紧密。A 有一个备受父母宠爱的弟弟，A 对此非常嫉妒并时常与弟弟发生争执。弟弟在上大学后离开了家，A 与母亲二人一起生活。自从高中时代起，在 A 的脑海中就一直回响着机械的声音。而且在大学时代，她曾有过数次强烈的自杀冲动。开始就职后，由于身体不适而不得不请假，但在职场上的适应能力并不差。

A 之所以来到我的诊所，是因为她表示："照这样生活下去的话，自己最终会彻底失败。"经过几次预备性会谈后，我大致判断这是一位步入中年的精神分裂症女性，并且迄今为止所建立的防御模式已逐渐失效，随后便开始了每周四次的分析治疗。

A 在最初的一年间详细叙述了自己的历史。她只是机械地完成工作，迄今为止没有与男性交往过。她认为支撑自己的只有母亲，母亲去世后自己大概也活不下去。她说话滔滔不绝，但没有连贯性。当我告诉她这一点时，她回应道："我讨厌生活的味道。"事实上，A 几乎丧失了生活的实感。与她交谈时，我感觉更像是在与一个人偶说话，而不是与一位真正的女性对谈。此外，A 似乎对我也不抱兴趣，不仅作为男性，而且作为一个人。她告诉我，在周日便会独自前往柏青哥的店铺，坐在陌生的男性旁边，玩一整天的柏青哥。我仅想象这一场景就会感到不寒而栗。而在分析会谈中，我们彼此都是孤独的个体，如同两人并排玩柏青哥游戏一般。

半年过后，她和往常一样来做分析，谈及了她之前的治疗、童年的故事和数年前做的梦。这些故事都非常有趣，但欠缺现实感，与她现在的生活关系不大。那段时间，能够通过谈话让她有现实感的，是对母亲死亡的极度恐惧，以及在电影中看到女性被殴打的场景时，自己也想挨打的感觉。后者在当时并没有被详细讨论，但之后她提到，当被命令或惩罚时就会感到非常兴奋，同时感到很安心。事实上，在大约10年的时间里，她偶尔会与在互联网SM网站上认识的男性进行SM行为（患者扮演M［受虐狂］的角色），并数次体验到身心和谐与平静的感觉。

在那之后，与A的分析会谈逐渐陷入僵局。她准时到达，讲完千篇一律的话语后就离开了。会谈持续了很长时间，就像时间停滞了一般。渐渐地，我开始感到在会谈中如同被她囚禁一般的痛苦。我只感到这种分析毫无结果。尽管如此，这段时间的治疗对A来说似乎还是有一些意义的。她开始每天去上班，尽管之前经常会请假，有时还会感到生活的意义。她也按时来做分析，然后就像什么都没发生一样回家。

大约一年后，在某次分析会谈快结束时，她询问是否能在分析期间将时钟放在从躺椅上可以看见的地方。当被问及原因时，她回答说每当分析快结束时，就感到自己乘坐的大船突然消失，并被强烈的焦虑侵袭。我当时没有作出回应，并提议在下一次分析中再讨论这个话题。然而，到下一次分析时，在谈论时钟前，A就带来了一个很大的时钟并将其稳稳地放在躺椅的旁边。我不敢反对。从那次分析起，她就看着巨大的时钟，一边确认时间一边谈话。在每次分析中，她就像潜入深海一般，深深地呼吸，然后继续谈论她的想法。在会谈结束前大约5分钟，她便说"就这样吧"，留下钱然后离开。这样的分析持续了几个月，在此期间，我感觉自己是在被迫观看她的独角戏。她以沉默回应我的解释，并继续讲述自己的故事。我不由得感到分析会谈就如同她的游戏场一般。

几个月后的某天，她突然打电话给我，慌乱地说想要跳楼自杀。这是她第一次直接打电话给我。分析结束后，她总是彬彬有礼，几乎没有过这种行为。我用相当强硬的语气告诉她立马到我的分析室。

而她也预料到我会这样说，我感到自己似乎只是她的游戏玩伴，从而有些许不悦。大约一个小时后，她来到我的分析室。我暂时松了一口气，因为她至少来找我了。坐下之后，她用诚恳的语气说道，她之所以今天突然想死，是因为她母亲因肺炎住院，并感到无所适从。经过大约30分钟的会谈，她逐渐恢复了冷静。由于她来得不是时候，而且是面对面地与我交谈（自预备性会谈以来，她还没有面对面地与我交谈过），便感到尴尬，并羞怯地向我道歉，说了声"对不起"后就离开了。当时，她惴惴不安和羞怯的态度，第一次让我感受到她的女性特质。

在之后的分析中，她再也没有携带时钟。而且，她第一次谈到了自己的孤独。在她的话语中，有一种前所未有的悲伤。此外，在分析中她变得更加沉默。然而，相比于她之前的滔滔不绝，在这些沉默中我能够读取出更多的信息。当我宣告分析结束时，她流露出些许落寞却平静的表情，然后离开了。

此后，A在生活中没有诉说过自杀冲动，也没有强烈的焦虑。

*

这位患者并非我最初提到的那种看似傲慢且自我评价过高的所谓自己爱的患者，也不是被弗洛伊德视为自恋性神经症的精神分裂症或忧郁症患者。然而，正是这种患者展现了自恋的真正面貌。如果弗洛伊德在《自恋导论》的后半部分论述的自恋型对象选择，即过度要求被爱是自恋的一个侧面，那么从这位患者身上看到的对现实的退缩则是自恋的另一个侧面。弗洛伊德在《自恋导论》的前半部分似乎强调了这个侧面。然而，即便弗洛伊德在开始时有关注这一侧面，但仍然保持着客观观察者的立场。引用前述的弗洛伊德的比喻，"我们充其量只能将好奇的目光投向那堵高墙，以窥探墙外发生的事情"，而在这篇文章的后半部分，"墙外"逐渐变得模糊不清。

如果从转移和反转移的观点来看待自恋患者，这就是对分析现实的完全回避。患者的兴趣既不朝向分析家，也不朝向在与分析家的关系中发生的事情。在分析关系中，患者是单独一个人，分析家也被迫独自一人。从分析家的角度来看，这种关系并非与患者的双方关系，而分析家似乎是在与一个缺席的对象打交道。正是这种致使关系缺失的病理，构成了自恋的本质。另一方面，如前所述，力比多撤回到自我会使患者感到非常不快。这位患者为了降低不快的量，进行了倒错行为（SM 行为）。这种倒错行为和患者的幻想，并不是由分析所诱发的，而是患者在接受分析治疗之前就实际存在的行为。

以自恋为病理核心的患者，通常伴有性倒错的行为。在我分析的几个案例中可以看见两者的并存。一名患有社交恐怖症的男性是被赫伯特·罗森菲尔德称为"薄皮型"的自恋患者[19]，出于他内心所承受的导致父亲去世的罪责感，他有时与男性发生性关系，并且想象自己是受男性虐待的女性就会感到兴奋（第二章第四节的案例）。另一名患有强迫性神经症的男性，在成长过程中受到母亲的过度宠爱，成年后无法与女性发生关系。他通过想象女性溺水的场景并自慰来获得快感。这种案例可能并不少见。[20] 如果考虑到这一点，自恋的临床形态就不只是关系的缺失，而是关系的缺失与过度强烈的兴奋。而且，如果再考虑到这种兴奋不朝向与他者的关系，将自恋定义为关系性的切断以及关系外部的兴奋则更加准确。[21] 自恋与倒错拥有共同的土壤。

从临床的观点来探讨自恋的概念，就会产生另一个新的问题。那就是"倒错选择"的问题，即为什么某人会选择某种类型的倒错这一问题。众所周知，弗洛伊德常年关注神经症选择的问题。而另一方面，弗洛伊德从早期开始就对倒错的类型抱有兴趣。早在 1899

年 12 月 9 日写给威廉·弗利斯[*]的信中，在论述神经症选择之后，弗洛伊德提出了倒错形成（Perversionsbildung）的问题。"倒错选择"的问题与神经症选择一样，是一个涉及多种因素的复杂问题。在此，我只想暂且先指出这一问题。

6　本书的构想

作为本书的序章，我们已经探讨了中期的重要概念，即自恋。关于这一概念，我将在第二部分更加详细地讨论其多义性，在此我想先明确一下本书的方针。

首先，我们将弗洛伊德的方法区分为三个阶段：初期的神经心理学方法、中期的概念建构方法与后期的超越论原则探究。在 1950 年，《科学心理学大纲》的面世成为重新审视弗洛伊德的初期方法的契机，自 1950 年以来，许多分析家不断关注《科学心理学大纲》的方法。[22] 然而，我想与弗洛伊德的初期方法保持距离。原因在于本书试图通过解读弗洛伊德，来促进对现代精神分析临床的重新思考，而参考初期神经心理学的方法是一种极其困难的方法。弗洛伊德之所以拘泥于神经心理学的方法，是因为这在当时被视为正统科学，在弗洛伊德方法的深处存在着将自己的学说"转变为科学的意志"[23]。然而，如果现在继续采用这种方法，精神分析只会与临床渐行渐远。[24] 因此，本书将主要继承弗洛伊德中期与后期的方法，并在此基础上展开讨论。

第一部分从《癔症研究》开始，以倒错的病理为主题，试图了解分析家弗洛伊德的工作。既然我们已经表明了自恋与倒错之间的内在联系，那么仔细研究弗洛伊德理论化的过程就会发现，从《性

***

[*]　威廉·弗利斯（Wilhelm Fliess, 1858—1928），德国犹太裔耳鼻咽喉科医师。1887 年与弗洛伊德结交，并在之后的 17 年保持信件往来。作为弗洛伊德早期的挚友，弗利斯对弗洛伊德初期的理论形成有着巨大影响。——译者注

理论三篇》（1905）到《受虐狂的经济论问题》（1924），性倒错的主题都处在其理论的核心。令人感到意外的是，在弗洛伊德的理论中，倒错是在建构理论时的一个隐形动因。[25] 在第一章的癔症理论与第二章的强迫性神经症的理论化中，我将阐释倒错这一问题是如何成为理论构建的关键的。第一部分的论述有些错综复杂，可能是本书最难的部分。然而，如果仔细阅读第一部分，则能够更好地理解倒错论与形成其基础的冲动论在精神分析中占据了多么重要的位置。

第二部分聚焦于弗洛伊德中期，即1910年代的步伐，并将讨论他称为自恋性神经症的精神病的诸问题（第三章）。其核心在于自恋的病理，我将仔细追溯自恋的概念给弗洛伊德的理论带来的发展与混乱，以及弗洛伊德最终到达的地点。第四章将探讨与自恋的概念有紧密联系的自我概念。自我的概念完成于1923年的《自我与本我》，这一问题在时期上属于后期的课题。然而在中期，弗洛伊德的自我论与超我论的构想已基本成型，可以说自我概念构成了中期理论的结点。

第三部分将探讨死冲动给弗洛伊德的整体理论带来的冲击。时期上是1920年代以后的弗洛伊德理论。已经有许多分析家从各种各样的角度对死冲动展开论述，弗洛伊德则是通过发现死冲动而挖掘出在人类深处蠢蠢欲动的根源性受虐狂。弗洛伊德在自己的探索过程中所发现的死冲动面前退缩，这与其说是由于有机体的内在目标是死亡这一理论归结，不如说是由于他对人类在本质上是受虐狂这一事实感到震惊。在第五章，通过解读《一个被打的孩子》这一弗洛伊德的奇妙文本，将阐明人类性欲的构成样式。第六章则试图明确死冲动与受虐狂的关系。然后，我将提出自己的解决方案，以应对从中浮现出来的临床课题。

第四部分将讨论弗洛伊德的临床技术与分析家的事业（métier）。第七章将对精神分析临床中技术变化的问题以及精神分析的终结与目标的课题加以考察。在结尾处，我将谈论分析家如何通过自己的日常生活来不断完善精神分析的事业。弗洛伊德的步伐，是逐渐将自己塑造为一名分析家的过程。之后的分析家在受到弗洛伊德步伐的决定性影响的同时，也在自己的临床实践中以各自的方式成为一名分析家。

当然，本书的目的不只是从文本上重新解释弗洛伊德。本书试图向读者传递分析家事业的秘密，即践行着分析家这一特殊职业的人们，如何在每天的临床中运用思考、感情与身体来生成独特的知识。

注　释

1　亨利·艾伦伯格，《无意识的发现：动力精神医学的发展史》上、下，木村敏、中井久夫监译，弘文堂，1980 年。关于 19 世纪的无意识概念，参见爱德华·史蒂文·里德（Edward Steven Reed），《从灵魂到心灵：心理学的诞生》，村田纯一、染谷昌义、铃木贵之译，青土社，2000 年。

2　至于精神分析以何种科学为模型，则因不同的分析家而异。弗洛伊德运用以物理学为代表的精密科学，早期拉康则运用以控制论为基础的推测科学，而比昂运用的模型可类比于实证科学。

3　Paul Ricoeur, *De l'interprétation, essai sur Freud*, Seuil, 1965.（保罗·利科，《论解释：评弗洛伊德》，久米博译，新曜社，1982 年）

4　Paul Bercherie, *Genèse des concepts freudiens, Les fondements de la clinique2*, L'Harmattan, 2004.

5　Jean-Michel Quinodoz, *Lire Freud*, PUF, 2004.（让-米歇尔·基诺多斯，《阅读弗洛伊德：按年代顺序探索弗洛伊德的著作》，福本修监译，岩崎学术出版社，2013 年）

6　Sigmund Freud, „Abriß der Psychoanalyse", GW-XVII, S. 110.

7　Sigmund Freud, „Die Abwehr Neuropsychosen", GW-I.

8　Sigmund Freud, „Abriß der Psychoanalyse", GW-XVII, S. 108.

9　Sigmund Freud, „Die endliche und die unendliche Analyse", GW-XVI, S. 71-74.

10　Sigmund Freud, „Das ökonomische Problem des Masochismus", GW-XIII, S. 372.

11　W. R. Bion, *Learning from experience*, William Heinemann Medical Books, London, 1962.（威尔弗雷德·鲁普莱希特·比昂，《从经验学习》，载于《精神分析的方法——七个仆人》第一部，福本修译，法政大学出版局，1999 年）

12　Sigmund Freud, „Zur Einführung des Narzißmus", GW-X, S. 1.

13　"偏执狂失败的地方我成功了"这一著名的句子，出自弗洛伊德寄给桑多尔·费伦齐的信件（1910 年 10 月 6 日寄）。当时，弗洛伊德正致力于撰写"施瑞伯案例"。

14　乔纳森·克拉里从文化历史的角度精彩地分析了从 19 世纪到 20 世纪，西方社会中"注意"的方式与主体形成之间的关系（参见《知觉的悬置：注意、景观与现代文化》，冈田温司监译，平凡社，2005 年）。克拉里将弗洛伊德的"均匀悬浮注意"技术定位为 20 世纪最强大的注意技术之一。

15　André Green, *Narcissisme de vie, narcissisme de mort*, Éditions de Minuit, Paris, 1983.

16　藤山直树确切地指出了这一点（《自恋与心灵的死亡》，载于《精神分析的话语》，岩崎学术出版社，2011 年）。

17　Sigmund Freud, *Vorlesungen zur Einführung in die Psychoanalyse*, GW-XI, S. 438.

18　弗洛伊德对自恋的问题产生兴趣的契机之一是列奥纳多·达·芬奇的生活和作品系列。

19　罗森菲尔德将自恋性人格障碍的患者分为两种类型：一种表现为夸大与傲慢的类型，另一种是在人际关系中过于敏感且倾向于逃避社交的类型。前者被称为"厚皮型"，后者被称为"薄皮型"（《治疗的困境与解释——精神分析疗法中的治疗与反治疗因素》，神田桥篠治监译，诚信书房，2001 年）。

20　当然，并非所有的自恋病理都伴随着倒错。消解由量的增大引起的不快的方法不仅限于倒错行为，可能还有其他途径。

21　我在本书第六章将会讨论，这种自恋的定义与受虐狂有相似之处。两者的关键区别在于，在受虐狂中，痛感这一身体的契机具有重大意义。

22　雅克·拉康在 1955 年正式讨论了《科学心理学大纲》。Jacques Lacan, *Le séminaire Livre II: le moi dans la théorie de Freud et dans la technique de la psychanalyse 1954-1955*, Seuil, 1978.（《弗洛伊德的理论与精神分析技术中的自我》上、下，小出浩之、铃木国文、小川丰昭、南淳三译，岩波书店，1998 年）

23 Isabelle Stengers, *La volonté de faire science*, Empêcheurs de penser en rond, 1996.

24 "Neuropsychoanalysis"（神经精神分析）这个领域试图将弗洛伊德初期的方法与现代临床相结合，但该方法无论发展到什么程度，都仅停留在比较与对照神经科学的成果和精神分析的见解，不得不说其在方法论上远远落后于《科学心理学大纲》。

25 据我所知，安德烈·格林是唯一关注过这一点的分析家。他明确表示："精神分析理论的核心在于倒错的问题。"（*Les états limites*, PUF, 1999）然而，他只是直观地提出了这一想法，并没有在理论上进行深入探讨。

第一部分

————

作为倒错论的精神分析

第一章

癔症的建筑风格

精神分析是决定不做爱的两个人相互对话的实践。

——亚当·菲利普斯＊（关于弗洛伊德的
精神分析技术的著作［企鹅图书版］的序言）

1 癔症的问题

我们大致将弗洛伊德错综复杂的方法分为初期、中期与后期，并从中提取出三个共同基础，即对疾病分类的关注、对量的考察，以及基于独特的注意力形式的观察。而且，为了以具体的形式来阐释这些共同基础，我列举了中期的代表性文本《自恋导论》，并从现代临床的观点重新探讨了这一具有"撑破框架的密度"（詹姆斯·斯特雷奇）的文章及其可能性与难点。在此基础上进一步考察临床案例时，我指出了自恋的概念与倒错拥有共同的土壤，并表明倒错的问题系在精神分析的理论形成中起着核心作用。并且，我提出了在弗洛伊德的理论构建过程中，倒错的问题如何与之深刻关联的论点。

本章将讨论作为精神分析出发点的癔症，以及导致其产生的防御机制，即压抑。弗洛伊德明确表示，这种压抑机制是"精神分析

＊ 亚当·菲利普斯（Adam Phillips, 1954— ），英国精神分析家、散文家，自 2003 年以来担任弗洛伊德著作的"企鹅现代经典"新译本的总编辑。——译者注

的支柱"。首先，在解开这一机制的谜题的过程中，他阐明了无意识的概念，并在与压抑概念的关系中创建了抵抗、转移等精神分析的诸多核心概念。

那么，现在我们该如何理解压抑这一概念呢？大部分人可能会模糊地认为压抑是与其他防御机制并列的一种机制。然而，如果将压抑等同于其他防御机制，并抹除其机制的固有性，则会忽略一些由癔症和压抑所开拓的问题。本章所探讨的问题谱系，是有关压抑的思考最初是从哪些问题中产生的，压抑是如何被克服的，以及压抑留下了哪些问题。通过追溯这一谱系，我想重新思考与压抑理论密切相关的癔症的治疗论。

2 什么是压抑

如今，我们可以从寄给威廉·弗利斯的信件中读取出弗洛伊德初期的丰富构想。他热衷于探索的一个方向，是通过压抑机制来理解癔症、强迫性神经症、偏执狂和倒错这四种疾病的形成过程（神经症选择的问题）。这种探索经历了迂回曲折的过程，但大致而言，弗洛伊德假设过早的性刺激，即他所说的"初级体验"或"场景"，是导致压抑的事件。弗洛伊德认为，在何时以哪种方式体验这种性刺激，是解开神经症选择之谜的关键。然而，这种"将所有理论融合到压抑的临床中"[1]的尝试使他穷途末路。[2]在这一尝试中，弗洛伊德建立了几种假说。其中一种假说是关于压抑产生的时期，癔症是1岁半到4岁，强迫性神经症是4岁到8岁，偏执狂是8岁到14岁，而在倒错中则没有压抑机制。[3]此外，弗洛伊德区分了早期性刺激的不同体验方式：癔症患者将其体验为不愉快的经历，强迫症患者则将其体验为快感与罪责感，而偏执狂患者则将这种刺激体验为对他者的过度敏感（不信任）。[4]然而，从压抑的角度阐释神经症选择问题的尝试，由于在理论上没有得到完善，大多被放弃了。

在这里必须要注意的是，这一时期的弗洛伊德并没有明确区分防御与压抑的概念，而是在避免不快的意义上模糊地运用它们。换言之，当时他并没有意识到压抑现象的特殊性，而是将其作为可与防御互换的概念来进行理论化的。弗洛伊德开始将压抑的概念区分于防御，并重视其固有的机制，是在发表了《某个癔症分析的断片》（以下简称"朵拉个案"）的第二年，即 1906 年。[5]但在此之后，这两个概念的关系并没有得到明确阐释。而在 1926 年的《抑制、症状与焦虑》的补充章节中，弗洛伊德明确将这两者区分为完全不同的概念。据弗洛伊德所言，压抑是与癔症具有内在相似性的机制，是与其他疾病，例如强迫性神经症中的"孤立化""取消／撤除"等防御机制不同的机制。换言之，弗洛伊德总结道，防御是一个包括性概念，是指自我在回避不快时所运用的机制，而压抑则是癔症患者所运用的独特过程。

压抑是癔症固有的机制——为了不在弗洛伊德蜿蜒曲折的步伐中迷失，首先要牢牢掌握这一点。通过将压抑的防御机制应用于对其他疾病的理解，弗洛伊德构建了精神分析的基本骨架。那么，压抑是怎样的机制呢？

压抑是将不愉快的表象从意识中屏蔽，并将其驱逐至无意识的过程——这是压抑的初级定义。然而，弗洛伊德认为压抑的本质不在于将不愉快的表象从意识中屏蔽。他在 1900 年的《释梦》中首次阐明了其本质。"在这种源于幼年，恒常且不受抑制的欲望机制中，其实现将会导致与次级思考的目标表象的矛盾关系。这些欲望的实现唤起的是不愉快的情感，而非愉快的情感。而正是这种情感反转（Affektverkehrung）构成了我们称作'压抑'的本质。压抑的问题还涉及通过何种路径以及受到哪些力量的推动，才能够发生这种转变。但在这里，只须触及这一点便足够了。"[6]正是情感反转构成了压抑的本质。这是在考虑压抑机制时非常重要的一点。此外，在1905 年的"朵拉个案"中，有以下一段著名的记述。"经由引起性兴奋的某个契机，主要是不愉快的感情被唤醒，或者只有不愉快的感情被唤醒的人物，无论是否有身体症状，我都毫不犹豫地将其视为癔症患者。阐明这种情感反转的机制，是神经症的心理学中最重要的课题，也是最难的课题之一。"[7]如果存在情感反转的机制，就可以将患者诊断为癔症。这也是在考虑压抑的本质时重要的一点。

关于弗洛伊德的观点，即压抑的本质在于情感反转，我们所重视的是，将表象从意识中屏蔽的想法是从精神装置的构想中导出的思辨，而情感反转是弗洛伊德在与癔症患者的治疗经验中获得的见解。然而，阐明这种情感反转的机制，借用弗洛伊德的话说，是"神经症的心理学中最难的课题之一"。那么，弗洛伊德是如何探究这一课题，并找到哪些解决方案呢？按时间顺序来看，弗洛伊德在1915年关于"压抑"的论文中将压抑的本质，即情感反转的问题作为一个明确的论点，并在1926年的《抑制、症状与焦虑》中对这一问题进行了初步解决。但至于这一问题是否真的得到了"解决"，应作进一步探讨。

弗洛伊德在1926年的文本中再次总结了思考情感反转机制的困难之处。

我们之前对压抑过程的描述特别强调了表象顺利地从意识中屏蔽的过程，但对其他方面的疑问仍未作出解答。其中产生的问题是，在本我那里被激活，寻求满足的冲动机制有着怎样的命运。对此我只能委婉地回应道，通过压抑的过程，被期待的满足的快感转化为不快。那么，接下来的问题便是为什么冲动满足的结果会变为不快呢。[8]

以下是对这一段话的重新表述。根据弗洛伊德的观点，在理论上思考压抑时，必须同时考虑到表象和冲动的两个侧面。关于表象，如前所述，压抑致使不愉快的表象被驱赶至无意识。这原本是压抑机制的假说（定义），也是讨论的出发点。在从这里展开理论时，困难之处在于此时冲动将会经历怎样的命运。正如弗洛伊德在1915年的"冲动及其命运"中所述，在早期的心理阶段中，由于冲动与表象之间没有关系，因此通过朝向对立物的翻转，或朝向自身的翻转这种主动、被动机制的冲动转换，冲动就会返回自身，以获得自体情欲的满足。然而，弗洛伊德认为，当冲动向表象投注力比多时，压抑的机制就会发挥作用。但如果冲动的满足原本是快感，那么就没有压抑的理由。压抑之所以起作用，是因为冲动的满足带来的不是快感，而是不快。但冲动的满足为何会带来不快呢？弗洛伊德在关于"压抑"的文本中表示，他无法具象化冲动的满足会带来不快这一情况。[9]

在同一文本中，弗洛伊德推测压抑之所以起作用，是因为冲动在某些场域（Stelle）引起快感，而在其他场域引起不快。这种想法与将心理组织分成多个场域的"第二地形学"相关联。而在这一文本的后半部分，弗洛伊德提及了由压抑导致的量性因素的命运，即对表象的能量（力比多）投注的撤回。据弗洛伊德所言，被压抑的表象可以通过某种特定的关联性，采取移置（Verschiebung）的方法而被构建，但投注给表象的量不会消失，而是转化为焦虑。在这里，压抑的问题与焦虑这一弗洛伊德长年关注的问题相汇合。

如前所述，大约在20年后，弗洛伊德终于对一直以来都关注的情感反转的机制下了结论。

我们希望通过以下的断言，来阐明这一情况。换言之，在本我中所设想的冲动机制，由于压抑而无法按计划运行，自我要么成功地阻止其发展，要么改变其方向。如此一来，压抑中"情感反转"的谜题就被解开了。然而，这意味着我们承认了自我对本我的诸多过程有着非常广泛的影响。[10]

此时，弗洛伊德在心理组织方面采取了由本我、自我与超我组成的"第二地形学"的立场。通过心理场域的复数化，可以在维持冲动的满足终究是快感的原则的同时，认为冲动对本我来说是有快感的，而对自我来说则是不愉快的。这就是弗洛伊德最终导出的引发情感反转的机制，而使这一机制发挥作用的核心场所则是自我。

弗洛伊德通过讨论压抑以及作为其本质的情感反转的机制，将自己的问题设置扩展至其他范围（如心理场域的组织问题、焦虑的问题[11]）。如果我们继续追溯这些论述的发展过程，就会发现情感反转的机制在介导多个问题方面发挥着重要作用。而且，如反复强调的那样，弗洛伊德通过复数化感受快感与不快的场域（向第二地形学的过渡），以及扩大自我的功能，暂且找到了作为压抑本质的情感反转机制的答案。

然而，这种问题的解决方式是否令人满意呢？这种问题的解决方式似乎忽略了问题的本质，因为弗洛伊德在临床观察癔症患者时所产生的问题，与他在1910年代关注的元心理学的构建工作相平行，并试图同时获得解答。这个解答仅仅说明了作为神经症整体的防御过程的压抑，并没有深入理解癔症固有的压抑，以及作为其本质的情感反转机制。换言之，这一解答并没有揭示出癔症的病理与情感反转机制之间的内在联系，甚至忽略了弗洛伊德凭借自身卓越的临床直觉所把握的核心内容，即"在理应感受快感的地方却觉得不快的人，就是癔症患者"。在此，我想以与弗洛伊德不同的方式，来重新理解让他常年困惑的情感反转的问题。

3 "癔症的建筑风格"

1897年5月25日，弗洛伊德给居住在柏林的弗利斯写了一封信。在这封如往常一般记录了理论思索和日常笔记的信中，附上了如今被称为"草稿M"的断章。这个草稿的标题为"癔症的建筑风格"[12]。

大概就是以下的情况。一些场景（Szene）可以直接接近，另一些场景则只能通过预先设定的幻想来接近。场景依据增强的抵抗而排列，压抑程度较轻的事物只以不完整的形式出现，以便与压抑程度较强的事物相结合。工作的路径首先沿着场景或场景附近的环路向下，然后从一个症状再向下，之后再从该症状向下到底部。由于大多数的场景是由少数症状串联起来的，因此，环路会反复穿过同一症状背后的思想。[13]（参见图 1）

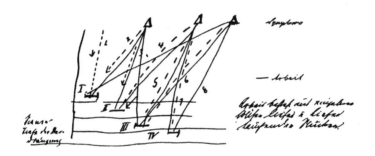

图中所有的点线以及数字都是红色的，Arbeit（工作）这个词语也是一样。文字翻译：Szenen（场景）/ Tiefe der Verdrängung（压抑的深度）/ Symptome（症状）/ Arbeit（工作）/ Arbeit besteht aus einzelnen solchen tiefer und tiefer tauchenden Stucken（工作由这些逐步深入的单个部分组成）

图 1　草稿 M

就这样，弗洛伊德将癔症的病理看作一座由复数的"场景"构建而成的建筑物。在治疗癔症患者时，经常以幻想为媒介而到达一个或多个"场景"，弗洛伊德认为这些"场景"构成了这座建筑物的基础。在这一时期，弗洛伊德将这一"场景"假定为来自父母的实际诱惑"场景"的回忆，但这一想法随着同年 9 月 21 日对"诱惑理论"的放弃（"诱惑场景只不过是幻想"）而完全被舍弃。癔症的建筑物不是以现实"场景"，而是以幻想为基石。

在考虑"癔症的建筑风格"这一草稿时，重要的是以下两点。第一，这个观点与他在前两年出版的《癔症研究》中关于癔症的心理素材的层状结构的描述大相径庭。在《癔症研究》中，弗洛伊德将癔症的病理形态描绘为围绕着一个或多个核心病因的三层同心圆。每一层都构成相同强度的抵抗，越靠近核心抵抗就越大。而且，弗洛伊德认为，这种三层结构在精神装置中的表现就像生命中的"异物"。据他所言，治疗癔症就是要去除这个"异物"。然而，这个"异物"已经渗透进自我，不能轻易地从自我中祛除。弗洛伊德表示，它更像是自我内部的"渗透物"，在治疗中能做的，至多是改善这个"渗透物"与之前被遮蔽的自我领域之间的循环。[14]

然而，在"草稿M"中，癔症的病理已不再涉及"异物"或"渗透物"的观点。在此，弗洛伊德没有对癔症的病理与癔症患者自身进行区分，认为两者是等同的。换言之，癔症是持有某种感觉方式与行为的人最初创建的"建筑风格"。即使癔症的症状消失，这一建筑结构的本质基本上不会发生变化。而且，正是这一结构成为"神经症选择"的决定性因素（这是一个经验的事实，即经验丰富的分析家只须与癔症患者稍作交谈，无论是否出现症状，都能容易诊断出这个人具有癔症的结构）。弗洛伊德在这里所说的"建筑风格"，正是使主体导向（或选择）癔症的结构。

第二点是弗洛伊德的重要见解，即在癔症中，这种"场景"是以完全被动的形式被体验的，这决定了建筑物的形态。弗洛伊德在1906年写道：

> 当时，尽管我保持克制，并认为在描述幼年期性体验的场景时，患者如果表现得被动则展现了癔症的特质；与此相反，患者如果表现得主动则展现了强迫性神经症的特质。之后，我不得不完全舍弃这种见解。[15]

关于癔症患者在"场景"中表现得被动，而强迫性神经症患者则表现得主动，这种决定神经症选择的被动 / 主动的问题[16]，弗洛伊德在放弃诱惑理论的同时，不得不变更其想法。但我认为，如果将这一"场景"置换为癔症患者所幻想的一种表象（图像），或者在这一幻想中主体态度的存在方式，弗洛伊德的思想在今天仍捕捉到了癔症的核心。

无论如何，在写完"草稿 M"的几年后，弗洛伊德暂时放下了阐明"癔症的建筑风格"的工作，并专注于自我分析。之后，他的兴趣转向了梦境，其巨著《释梦》也随之出版。而且，在写完"草稿 M"的几年后，在分析"朵拉个案"的过程中，情感反转的问题再次浮现于弗洛伊德的思考中。

4　重新解读"朵拉个案"

"朵拉个案"是 1905 年出版的对癔症患者进行详细分析的案例，与弗洛伊德的重要著作如《释梦》和《性理论三篇》一脉相承。如今已有许多关于这一案例的研究书籍，在此基础上，一些分析家还指出了在这份报告中弗洛伊德的治疗技术的缺点。[17]例如，帕特里克·马洪尼[*]指出，弗洛伊德在解释转移方面的缺点以及反转移，使分析陷入了"精神疗法的悲剧"。此外，拉康从另一观点指出，弗洛伊德没有意识到朵拉认同的是 K 先生，并从 K 先生的位置爱上了体现女性之谜的 K 夫人。在此，我不想深入探讨先行研究的细节。无论再怎么基于事实，案例报告终究是治疗者（弗洛伊德）重新构建的一种"虚构"。无论第三者如何详细地阅读这种"虚构"，最终都只能从原初的治疗关系中所发生的"现实"的一个侧面来理解这一案例。而案例报告的注释，都是从特定的观点来阐明患者的病

---

[*]　帕特里克·马洪尼（Patrick Mahony, 1932— ），美国精神分析家，蒙特利尔大学文学教授。著有《作家弗洛伊德》《弗洛伊德与狼人》《弗洛伊德与鼠人》《弗洛伊德的朵拉》等。——译者注

理与治疗的盲点。因此，当我们重新解读已经完结的案例报告时，重要的是实践的问题，即从什么角度来探讨这一案例，以便引出更具治疗意义的启示。我将聚焦于之前关注的情感反转机制，并尝试重新阅读这一可誉为华丽建筑的癔症个案。

关于"朵拉个案"的概况，我将对其病史进行总结，以帮助我们解读。朵拉（伊达·鲍尔）是经营纺织工厂的父亲与持有强迫性洁癖症倾向的母亲的第二个孩子（她的哥哥奥托后来成为奥地利的外交部长）。她家里原本有一名未婚的女家庭教师，但当得知这名家庭教师与她的父亲有染时，朵拉便雇佣了她。朵拉一家在她6岁时，为了治疗父亲的结核病而前往意大利北部的湖畔疗养度假。在那里，她的家人与K先生一家结下了友谊。在此期间，她的父亲与K夫人发生了性关系，朵拉如同成人之间安排的同谋关系的交易物一般，被让渡给K先生。K先生在朵拉14岁时，在自己经营的商店门口附近突然亲吻了她，但朵拉当时感到极度恶心。两年半后，K先生在湖边向朵拉求爱，但她给了K先生一巴掌后就愤然离开了。到18岁时，朵拉呈现出呼吸困难、神经性咳嗽、失声、偏头痛等症状，然后被父亲带到弗洛伊德那里，接受了3个月左右的分析治疗。

这份"言情小说式"的案例报告，首先详细介绍了朵拉的生活史和病史。弗洛伊德的观察首先是全景式的。然后，基于治疗状况所引出的事实，细致地分析朵拉的症状和幻想。此后，弗洛伊德重点关注几次事件，并采用纵向追溯过去的方法进行研究。此外，弗洛伊德不仅阐明了朵拉的个别病理现象，还将"癔症性认同""身体性共鸣""癔症与倒错的关联"等理论考察贯穿于其论述中。后半部分列举了两个梦，第一个梦聚焦于朵拉幼年期的性欲体验（夜晚尿床），第二个梦聚焦于思春期的性幻想，以阐明朵拉的性冲动的存在形式。在第二个梦的分析过程中，朵拉突然提出中断治疗。在报告的最后，弗洛伊德探讨了关于转移的理论考察，以及朵拉对身边男性（父亲、K先生、弗洛伊德）的复仇动机。在报告的最后部分，

"二"反复出现，如第二个梦中朵拉在拉斐尔的《西斯廷圣母》的画作前驻足两个小时，以及留给治疗的时间有两个小时等，这给人留下一种悬疑感。

如前所述，我将着眼于这一案例报告中出现情感反转的两个场景来进行解读。这两个场景，一个是K先生突然亲吻14岁朵拉的场景①，另一个是朵拉幻想父亲与K夫人之间性交的场景②。之后将提到，这两个场景中情感反转的机制各不相同。在分析过程中，弗洛伊德通过解释前一个场景，而到达了后一个场景的分析。从"癔症的建筑风格"的观点来看，位于朵拉这一"建筑物"更深处的是场景②。

首先，场景①与其说是幻想，不如说是弗洛伊德直接从朵拉口中听到的自白。然而，其中的细节处当然包含了幻想的元素。基于这一自白，弗洛伊德对场景①进行了重新构建。朵拉暗中被K先生吸引。弗洛伊德设想，对一个14岁的少女来说，被自己喜欢的男性亲吻这一经历理应带来性兴奋的感觉。然而，朵拉在当时却感到极度恶心，并逃离了现场。弗洛伊德在这一场景中看到了情感反转的一个例子。被压抑的是对K先生的爱。然后，他以"身体性共鸣"为核心机制，对爱情反转为恶心的现象作了如下阐释。在所有精神神经症中，癔症的特征在于无意识兴奋获得了"身体性共鸣"，从而开辟了通向身体的道路。这时，从幼年期开始就已经定向的道路（辐射路径）往往会被利用（弗洛伊德写道："症状就像灌满新葡萄酒的旧皮袋。"[18]）。"身体性共鸣"是使癔症成为癔症的机制之一。弗洛伊德推测，在朵拉的案例中，被用作获取"身体性共鸣"的场所可能是以口唇为起点的粘膜管道，这是通过她自幼年起就长期使用的"奶嘴"而形成的。

那么，为什么爱情会转变为恶心呢？弗洛伊德试图从两点来说明朵拉的恶心。一个是基于以下推测的说明，即当她被亲吻时，她的下半身感受到阴茎勃起的压迫。这种感觉会给她的性器官带来类似的变化。而且，在她的情况下，这种兴奋在以口唇为起点的粘膜管道中从下往上移动，并在消化管道入口的黏膜管处作为不快的感觉被释放出来。另一个是弗洛伊德关于道德起源的假说，即恶心的感觉最初是对排泄物气味的反应。[19]阴茎同时具有性功能和排泄功能，会使人联想到排泄物（尿液）的气味。因此，对朵拉来说，阴茎的意象可能是导致恶心的原因。经由这两种联想路径，对朵拉来说，亲吻所唤起的刺激表现为恶心，这就是弗洛伊德对场景①中的情感反转作出的阐释。随后，分析工作进一步深化，对场景①的分析将到达对场景②的分析。

对于场景②，即她的父亲与 K 夫人性交的幻想，朵拉一方面感到厌恶，另一方面似乎享受着这个幻想。这也表现在朵拉的实际行动中。朵拉对父亲与 K 夫人的关系感到愤怒，"就像一个僭越女儿本分的深感嫉妒的妻子"。但另一方面，朵拉又竭尽全力确保父亲与 K 夫人能够单独相处，并代替 K 夫人照顾她的孩子。朵拉对幻想的厌恶与享受导致了这些自相矛盾的行为。

在分析的较早阶段就可以看出，获得"身体性共鸣"的身体器官（口唇领域）对于幻想的基础具有重要意义。在咳嗽反复发作的时期，弗洛伊德听朵拉说道："K 夫人之所以喜欢我的父亲，是因为他是个有用的（vermögend）男人。"从她当时的表达所持有的某种氛围中，弗洛伊德读取出这句话背后的含义，即"父亲是一个没用的（unvermögend）（性无能的）男人"。当弗洛伊德向朵拉指出，声称 K 夫人和父亲处于恋爱关系而父亲却是性无能的这种说法是矛盾的时，朵拉回答道："我知道获得性满足的方式不只一种。"因此，弗洛伊德解释道，"你是在想处于兴奋状态的身体部位（喉咙、口腔）吧"，而朵拉说她没想那么远，但她采纳了弗洛伊德的解释。经过这一解释后，一直持续不断的咳嗽消失了。

如此一来，在场景②的朵拉的幻想中，与场景①一样，"身体性共鸣"的确参与其中，但正是由"癔症性认同"形成的幻想结构，在这一幻想的情感反转（之后将讨论这一点）中发挥了核心作用。因此，有必要对这个幻想进行更加细致的分析，以阐明场景②中的情感反转机制。

当K夫人与她父亲之间的关系被揭发时，弗洛伊德说道，"鉴于朵拉引发的诸多骚乱，以及自杀的暗示等，可以肯定的是朵拉将自己放在了母亲的位置上"。他进一步推测，如果朵拉的咳嗽症状是其性状况的现实化，那么在这个幻想中，她会同时将自己放在K夫人的位置上。换言之，朵拉自身"认同于一个曾经被父亲爱过以及正在被爱的女性"。这里展示的是朵拉的俄狄浦斯情结，即对父亲的爱（弗洛伊德解释道，这一时期朵拉对父亲的爱之所以被重新激活，可能是为了压抑对K先生的爱，而反动地强化对父亲的爱）。弗洛伊德强调，每当朵拉谈到K夫人时，总会称赞其"魅惑的雪白肢体"。在朵拉的"第二个梦"中，K夫人的雪白肢体被抬高至拉斐尔的《西斯廷圣母》的位置，朵拉如痴如醉地伫立于画作前。[20]在这里，他读取出朵拉对K夫人的同性之爱，在"朵拉个案"的病况报告（第一部分）的结尾，他看穿了正是这一情感被压抑得最深。[21]换言之，如果在场景①中被压抑的是对K先生的爱，那么在场景②中被压抑的则是对K夫人的爱。[22]正是这种对K夫人的爱在最深层次上界定了场景②的幻想。

那么，这一幻想中的情感反转是什么呢？反转前的情感就是对K夫人的爱情。朵拉将她的身体表达为"魅惑的雪白肢体"，经常使用"崇拜"（K夫人）的词语，证明了这种爱情作为脱离现实的"崇高"之物而被理想化（癌症患者具有将情感崇高化的特殊能力）。而反转后的情感是冷漠（而不是厌恶）。阅读"朵拉个案"便会发现，朵拉对于这个幻想的场景表现出不可思议的（旁观者的）冷漠。冷漠也是情感的一种存在形式。换言之，这里没有出现场景①中以"身体性共鸣"为核心机制，从爱情到恶心的情感反转，而是出现了从爱情到冷漠的情感反转。[23]

对之前的解释作简要概括则内容如下。在"朵拉个案"中，场景①中对 K 先生的爱，以及在场景②中对 K 夫人的爱被压抑。而在场景①中，由于"身体性共鸣"的机制，产生了从爱情到恶心的情感反转；在场景②中，基于"癔症性认同"所形成的幻想，产生了从爱情到冷漠的情感反转。在癔症患者身上都可以看见这两种情感反转，但位于更强抵抗的层级，并从根本上界定朵拉这一主体的是场景②中的情感反转。而弗洛伊德在分析朵拉时，主要关注的是场景①中的情感反转机制，由于对场景②中的情感反转机制不够关注，这一分析没能抵达其核心腹地。

*

然而，为什么癔症患者会产生这种冷漠的情感呢？这一疑问正浮出水面。朵拉对于这个幻想的场景始终采取漠不关心的态度。她没有作为行动的主体参与这一幻想，而是作为旁观者从外部眺望这一"场景"，就像她如痴如醉地伫立于拉斐尔的画作前一般。[24] 在思考"朵拉的冷漠"时，可以参考弗洛伊德在治疗朵拉约 20 年后撰写的文本《一个被打的孩子》。这是弗洛伊德在后期探讨人类性欲的基本构成样式的文本，我将在第六章再次讨论，在此则将其作为"朵拉个案"的底片（negative）文本来参考。通过将这篇谜一般的文章与"朵拉个案"放在一起阅读，"朵拉的冷漠"态度的含义则会变得更加清晰。

5　作为癔症底片的"倒错"

1919 年的短文《一个被打的孩子》的副标题为"对性倒错起源研究的贡献"，其中专门论述了被打的幻想，因此被认为是对《性理论三篇》的第一篇《性异常》中受虐狂的补充描述。[25] 然而，这一文本有着复杂的结构，并在弗洛伊德的所有著作中存在两种定位。

一种是将这篇文章的主题置于从《性理论三篇》到《受虐狂的经济问题》的受虐狂问题群中。另一种是将这篇文章定位为一篇探讨神经症患者（癔症患者）中倒错幻想的起源及其变迁的论文。我将在本书的第三部分讨论前者，在此我想将这一文本与后者，即与迄今为止所讨论的"癔症的建筑风格"这一主题相联结。

在这篇文章中，弗洛伊德首先指出，在分析神经症患者的过程中，"一个孩子被打"的幻想出奇地常见。这种幻想伴随着性快感，其特点是当幻想达到顶峰时会产生自慰的满足感。弗洛伊德仅以女性为例，并认为根据他的观察，这种幻想会经历三个阶段的变化。

第一阶段是"父亲殴打孩子"的幻想。被打的孩子不是幻想者本人，而是其他孩子，通常是弟弟妹妹。如果从幻想的内容方面来解读，其含义就是"父亲打我讨厌的孩子"，即"父亲唯一爱的人就是我"。然而，弗洛伊德指出，在第一阶段，幻想者本人既不处在打人者的一边，也不处在被打者的一边，而是采取了"冷漠的"第三者的立场。

在第一阶段与第二阶段之间发生了重大转变。打人者依旧是父亲，但被打的孩子发生了变化，变成了幻想者本人。第二阶段可以被表述为"我被父亲殴打"。这种幻想具有受虐狂的特征，并伴有强烈的快感。弗洛伊德强调了这一幻想的第二阶段，并写道：

> 最重要且带来重大后果的是第二阶段。但在某种意义上，可以说这是一种在现实中从未存在过的幻想。它从未被想起，即从未被意识到。这是由分析构成的幻想。但正因如此，这一幻想是不可避免的。[26]

如何理解这段绝不简单的文字，是解读这一文本的关键。

在第三阶段，幻想变为"有人（代理父亲的人物）在殴打孩子们（一般是男孩子）"。这一阶段与第一阶段相同，幻想者本人不作为登

场人物出现在幻想中，而只是说"我似乎在旁边观看"。这一阶段
伴随着强烈的性兴奋，有时涉及强迫性的自慰行为，但幻想者本人"只
是作为旁观者处于幻想之中"，其第三者的态度是非常明显的。

关于这三个阶段的顺序含义，弗洛伊德的描述仍暧昧不清，但
我们可以合理地认为，它们是按照从幼儿期到现在的时间顺序排列
的。换言之，从第一阶段到第三阶段的顺序，是与幻想者本人的生
活史的时间相平行的幻想变化，而第二阶段则是经由分析治疗被"事
后"添加的。弗洛伊德还指出，这种"被打"的幻想内容是俄狄浦
斯愿望的性欲化，"负罪感"和"退行"作用于这种愿望，从而产
生了这种幻想所表象的受虐狂形式。[27] 由此可以得出结论，受虐狂和
神经症都是起源于俄狄浦斯阶段的病理。

解读这一文本的难点在于，从神经症患者（癔症患者）的倒错
幻想来讨论受虐狂。弗洛伊德试图从神经症的角度，以幻想为媒介，
揭示作为其底片的倒错的病理。在第一阶段和第三阶段中，患者之
所以对"殴打场景"采取了旁观者的态度，是因为在那里有一种难
以逾越的抵抗在起作用。[28] 因此，很难在神经症患者的幻想中发现第
二阶段。正是从这一角度出发，才能理解弗洛伊德为何将第二阶段
评论为"在现实中从未存在过的幻想"。换言之，第二阶段只能在
分析的构建工作中，作为一种"不可避免"的幻想在事后呈现。另
一方面，倒错者则作为行动者主动地参与第二阶段，并能够享乐第
二阶段。[29] 弗洛伊德以第二阶段的幻想为铰链，展示了倒错与神经症
的幻想差异。[30]

现在重新回到"朵拉个案"。她的幻想与"一个被打的孩子"
的幻想之间，在内容和形式上有着明显的相似性，这为我们思考倒
错者的幻想与癔症患者的（倒错性）幻想之间的差异提供了极好的
素材。如前所述，"一个被打的孩子"这一幻想的内容展示了俄狄
浦斯愿望的性欲化（考虑到主体处于场景的外部，我们可以将此幻
想视为原初场景这一暴力场景的一种变体[31]）。在朵拉的幻想中，其

深处潜藏着对作为父亲或母亲的代理人，即对 K 夫人的俄狄浦斯愿望的性欲化。就形式而言，与"一个被打的孩子"这一幻想的第一阶段和第三阶段中主体的态度一致，朵拉也是旁观者。这意味着朵拉是癔症患者，而不是倒错者。朵拉在场景②中感到了快感，但她也对此场景感到了不快（情感反转）。另一方面，倒错者对于这种场景不会感到厌恶，因此不会产生情感反转。倒错者会积极地参与这一场景，并从中获取快感。朵拉被场景②迷住。然而，如果她以主体的身份（主动地）参与其中，便只会感到厌恶。因此，朵拉（癔症患者）所采取的方法是，在自己完全不参与这一场景的前提下，享受这一场景。[32] 正是癔症患者的这种策略导致了冷漠的情感。

*

弗洛伊德认为朵拉的治疗是失败的。他说道，这是因为他没有看出转移在治疗中所起的抵抗作用（从这一"失败"中诞生了以现代的转移解释为核心的治疗技术）。然而，在治疗结束的两年后，朵拉与治疗中出现在其梦里的工程师男性结婚，第二年诞下了长子（其长子后来在纽约成为一名成功的歌剧导演）。大约在 20 年后，她因月经不顺、慢性便秘和美尼尔病的症状而去拜访接受过分析训练的内科医生菲利克斯·多伊奇[*]。多伊奇写道，当时，其丈夫和孩子对她的问题漠不关心，这让她哀叹连连。[33] 在她的丈夫去世后，朵拉作为当时流行于维也纳的纸牌游戏教练，赚取了可观的收入。当时和她一起工作的人是 K 夫人。虽然弗洛伊德在"朵拉个案"的结尾处写道，"朵拉再也没有与这一家人（K 夫妻一家）有过联系"，但随后的调查表明，事实上她在之后很长一段时间都与 K 夫人保持着来往。[34] 而且在希特勒上台后，她移居纽约，并在 1945 年死于结肠癌。

---

[*] 菲利克斯·多伊奇（Felix Deutsch, 1884—1964），奥地利裔美国籍内科医生兼精神分析家，心身医学的先驱，弗洛伊德的同事兼私人医生。其妻子海伦·多伊奇（Helene Deutsch）是波兰裔美国精神分析学家，弗洛伊德的同事，也是最早专门研究女性的精神分析家之一。——译者注

据说，朵拉即便在接受治疗后也经常生病，但如果对弗洛伊德的治疗持肯定态度，可以说分析治疗是具有一定意义的，它使一个在日常生活中举步维艰的少女的不幸人生，转变为"普遍的不幸"人生。然而，在朵拉的治疗中，确实存在决定性的不足。我们将从之前所论述的"癔症的建筑风格"这一观点出发，并根据以下的具体例子，来考虑这一点。

6　另一个房间

我的一位患者是超过 25 岁的公司女职员。父亲是上班族，母亲是家庭主妇，她是长女。有一个岁数较小的弟弟。父亲在家里并不严厉，对待患者和蔼可亲，她爱慕父亲就"像爱慕自己的哥哥一样"。母亲有很强烈的学历情结，对女儿的教育极为严苛。一旦患者的学习成绩下滑便会严厉斥责，甚至使用暴力。患者担心自己无法独立于这种母亲，即便她能独立，恐怕也会被迫回到母亲身边。

为了摆脱这种焦虑，她考上了一所离家远的大学。然而，她每天都会接到母亲的来电，好像"被时常监控"一般。大学毕业后，她就职于一家大型企业，两年后与一名男性公务员结婚。她本以为自己的一生都会受到母亲的束缚，并无法结婚，但她选择了一个伴侣，因为她认为母亲可能会认可这种类型的男性。在隐约感到不安的同时，也感到了一种自由，仿佛终于摆脱了母亲的束缚。

她来找我做分析治疗时，已经结婚两年了。她告诉我她有两个烦恼。第一个烦恼是，她总是选择相互束缚的异性关系。她和丈夫在一起时经常感到空虚，于是开始与几个在职场上认识的男性发生性关系。所有这些男性都经常对她盛气凌人，有时当她不顺从其要求时还会对她进行辱骂。虽然这种关系对她来说是痛苦的，但她仍认为与这些男人的交往是对她生活的支持。但她也知道，如果继续这种关系，总有一天自己会"崩溃"。第二个烦恼是，自中学时代以来，有时"身体就会无法按照自己的意愿行动"，这时她就会变得极度悲观，并抱有自杀的念头。这种状态一直持续到现在。

分析开始后，她谈及了许多往事，仿佛要将大量积压在心里的东西全都吐露出来。她从幼儿期到现在的记忆都非常清晰，但在某些事件上，她的记忆却完全缺失。在一次分析会谈中，她谈到了从中学时代起就反复出现的梦。在这个梦里，她赤裸地睡在父母隔壁的房间。她无法外出，只能睡在自己的房间。由于赤裸着身体，只有母亲能进入自己的房间，与他人的关系是封闭的。这个梦很好地展示了她的内心世界。

在几个月后的一次分析中，她听到了从分析室的楼下传来的一对男女在楼梯间大声说话的声音。认真听了一会儿后，她提到自己从中学开始就有戴耳塞睡觉的习惯，而且喜欢抓耳朵，有时一边抓耳朵一边手淫（患者的耳朵曾一度有明显的红肿与疼痛）。当我询问她为什么戴耳塞时，她回答说从中学开始因为夜里父母房间的噪音而无法入睡。她起初不明白发生了什么，但询问朋友后就明白了那声音的含义。当时她对此非常反感，但又忍不住想看（想听），于是就躺在床上倾听，结果第二天无法早起，有时还旷课。

在之后的半年里，她谈到了许多事件，其中大部分都化约为之前所述的幻想。如果依照我们之前的讨论，这位患者的"身体性共鸣"是围绕耳朵这一器官而产生的，她的"建筑风格"所基于的幻想是所谓的原初场景幻想。患者隔着墙聆听父母的性行为，由于无法离开这一"场景"，她只能无助地躺在隔壁的房间。她渴望与男性建立关系（当被问及这些男性的详细情况时，就会发现他们显然是父亲的代理），这是基于她参与这一暴力"场景"的无意识动机，结果对方厌烦她的执拗，便离开了她（她感到自己被排除在"场景"之外）。我在分析中做了这些解释，尽管她有时会表达异议，但大致上同意。

在那之后，分析工作进行得很顺利。然而，大约一年过后，她说想结束分析，因为她已经好多了。的确，她的症状已经消失了。但我感觉与她的分析工作还不够充分，因此建议继续分析。她暂且同意了，但找了很多理由缺席。在某次分析的最后，她说道今天的房间有些灰暗。第二天便暂停了分析。在下一次分析中，她说道感觉今天的房间照明更加明亮。这时我便问她，是不是觉得这个房间像她父母的房间一样肮脏呢。她在一瞬间点了点头，但又马上重申"不是这样的，这个地方让我想起了在父母房间的隔壁睡觉的自己"。

分析从这里开始经历了迂回曲折的道路。首先，患者开始对母亲感到强烈的愤怒。而且在分析过程中，她有时会对我用词的出入大发雷霆。她感到被我"束缚"。但当我向她解释这点时，她极力否认道，"从来没有过这种感觉"。此外，有时她会发出焦虑且非常低沉的声音。在第三年的一次分析中，她陷入了长时间的沉默。与此同时，我也开始觉得与她单独在分析室相处很不自在。这段时间实际上长达半年，但我感觉的时间仿佛更长。然而，如同拨云见日、柳暗花明一般，从某时开始我们之间的关系也变得缓和起来。

那时，她谈到了最近做的一个梦。在与我进行分析的期间，她曾反复地梦到与父母共同生活的房子。然而从那以后，患者频繁地梦见与我进行分析的房间。前一天她梦见自己在一个"箱子"里。然而，这个"箱子"表面看似是家里的房间，内部则是分析的场所。在梦中，她为这个"箱子"不是家里的房间而感到寂寞。但她说，从梦中醒来后，感觉不在家里而是在"箱子"里，反而可以获得生命的活力。几个月后，梦中出现的"箱子"已不是分析的场所，而是变成了"哪里都不是的地方"。而且她说道，在这样的地方更能做自己。之后，她怀旧地谈起过去的时光，在分析的最初阶段，她每次来这里都滔滔不绝，就像在逃避什么一样。在现实生活中，她开始书写童话故事，这是她从小的梦想，并举办读书会。她说这份工作让她感到非常充实。此分析于半年后结束。

＊

弗洛伊德在分析"朵拉个案"的两个梦境中的"房间"（或者首饰盒、车站等房间的替代物）时写道，"梦中的'房间'（Zimmer）通常代表'女人'（Frauenzimmer，Frauen［女人］+Zimmer［房间］，在德语中这样称呼女性多少带有贬义）。当然，'女人'是'开着的'还是'锁着的'并不是一个微不足道的问题。而且在这种情况下，用什么'钥匙'打开房间则不言而喻"[35]。我的个案描述只涉及分析中发生的有限的一面。即便如此，也能轻易看出在分析后半部分的梦中出现的"房间"，在性质上不同于在朵拉的梦中出现的"房间"。[36]它首先是一个分析的场所，也是诞生于患者内心的心理空间的象征。

克莱因派的分析家罗纳德·布里顿＊对这种"房间"有着最敏锐的见解。他认为在治疗过程中最重要的任务是通过创造"另一个房间"，使被排除在父母的原初场景幻想之外的患者能够形成一个新的自己。[37]如果我们在讨论"癔症的建筑风格"时引入这一视角，可以将案例的治疗过程概括如下。患者在开始分析前，已经具有以原初场景幻想为基础的自我结构。换言之，她的内心世界只是以一种与父母的房间相结合的方式形成的，而父母的房间既崇高又令人焦虑。通过分析工作，她建构了并非基于原初场景的"另一个房间"。而"另一个房间"最初是一种如"异物"般的心理空间，并在很大程度上改变了"她的建筑物"结构。在分析结束时，父母的房间不再是引发情感反转的房间，而只是一个普通的场所。在朵拉的治疗中根本欠缺的，正是这"另一个房间"。

如此一来，在癔症的治疗中重要的不是所谓的"解除压抑"，而是在患者的内部形成一种心理空间，这一空间能够将引发情感反转的幻想相对化。这一心理空间的运作能够促使癔症的建筑风格发生变化。如果创建了这种心理空间，癔症患者就能够与和崇高相关

＊　罗纳德·布里顿（Ronald Britton，1932— ），英国精神分析家，著有《信仰与想象》《性、死亡与超我》等。——译者注

的幻想保持距离。但如果这项心理工作不够充分，癔症患者就会继续生活在伪装的崇高世界中。这正是朵拉后半生的生活方式，她与K夫人一起从事当时流行于维也纳的纸牌游戏工作。然而，如果心理工作做得充分，癔症患者的生活就不会被囚禁于这种幻想之中，而是借助患者自身的心理空间的力量，开始新的生活。在我看来，这种姿态反而是崇高的。

注　释

1　1895年10月31日寄。杰弗里·穆塞耶夫·马森编，《弗洛伊德致弗利斯的信 1887—1904》，河田晃译，诚信书房，2001年，第148页。

2　"我放弃了对神经症的彻底解决和关于儿童期病因的确切知识。"（1897年9月21日寄。同上，第275页）

3　1896年12月6日寄。同上，第213页。

4　1896年1月1日寄（草稿K）。同上，165页起。弗洛伊德试图从人类的两性特质的观点来理解倒错的形成过程（1896年12月6日寄。同上，第215页）。当时弗洛伊德认为，如果个人的男性特质过强就容易变成倒错，而女性特质过强就容易患上防御神经症。

5　Sigmund Freud, „Meine Ansichten über die Rolle der Sexualität in der Ätiologie der Neurosen", GW-V, S. 156.（"总之，一个人在幼年期经历了什么性刺激已经不再是问题。关键是个人对这些体验作出了哪些反应，即个人是否通过'压抑'来应对所接受的印象。"）

6　Sigmund Freud, *Traumdeutung*, GW-II/ III, S. 60.

7　Sigmund Freud, *Bruchstück einer Hysterie-Analyse*, GW-V, S. 187.

8　Sigmund Freud, *Hemmung, Symptom und Angst*, GW-XIV, S. 118.

9　在《超越快乐原则》中，弗洛伊德说道："神经症患者的不快是一种无法被体验为快感的快感。"（Sigmund Freud, *Jenseits des Lustprinzip*, GW-VIII, S. 7）这里所说的神经症患者可以被视为癔症患者。

10　Sigmund Freud, *Hemmung, Symptom und Angst*, GW-XIV, S. 118-11.

11　关于与情感反转机制相邻接的焦虑问题，弗洛伊德在同一文本中放弃了之前的观点，即通过压抑而释放的投注能量会转化为焦虑。取而代之的是新的理论，即当自我阻止本我的冲动过程时，自我会唤起过去类似情景中记忆的象征物，这些象征物成为焦虑的信号，以保护自我免受焦虑（所谓的"焦虑信号理论"）。因此，在这篇文章中，弗洛伊德不仅对情感反转的问题，也对围绕焦虑的新问题提出了一种解答。

12　同月 2 日寄的信附带了"草稿 L"，标题与之相同（《弗洛伊德致弗利斯的信 1887—1904》，第 247 页）。

13　同上，第 254-255 页。

14　Josef Breuer und Sigmund Freud, *Studien über Hysterie*, GWI, S. 291-295.

15　Sigmund Freud, „Meine Ansichten über die Rolle der Sexualität in der Ätiologie der Neurosen", GW-V, S. 154.

16　被动和主动的问题是贯穿弗洛伊德著作的一个重要问题系列。这个问题横跨从偏执狂机制到女性特质问题等广泛领域。

17　代表性著作有 Hannah S. Decker, Freud, *Dora and Vienna 1900*, The Free Press, 1992; Patrick J. Mahony, *Freud's Dora: A Psychoanalytic, Historical, and Textual Study*, Yale University Press, 1996; Jacques Lacan, *Le Séminaire, livre IV: La relation d'objet, 1956-57, texte établi par Jacques-Alain Miller*, Seuil, 1994。

18　Sigmund Freud, *Bruchstück einer Hysterie-Analyse*, GW-V, S. 214.

19　弗洛伊德认为，文化与道德的起源在于人类开始用两条腿走路之后，排泄、生殖和出生的器官，以及视觉和嗅觉的器官及其配置发生了变化。恶心是一种内在感觉，它让人想起过去的力比多结合（致弗利斯的信，1897 年 11 月 14 日寄。《弗洛伊德致弗利斯的信 1887—1904》，第 293-294 页）。关于弗洛伊德对恶心的思考，可参考以下书籍：温弗里德·门宁豪斯，《恶心：一种强烈感觉的理论与历史》，竹峰义和、知野由里、由比俊行译，法政大学出版局，2010 年。

20　Ibid., S. 258.

21　Ibid., S. 223.

22　更确切地说，在场景②的幻想表面，朵拉认同于 K 夫人，并欲望着作为 K 先生替代的父亲；而在深层，朵拉则认同于性无能的父亲（据弗洛伊德所言，父亲与被阉割的女性相同），并欲望着 K 夫人。

23　在"朵拉个案"的 10 年后撰写的《冲动及其命运》中，与冲动密切相关的爱与恨的情感，被理论化为三种对立关系：爱—恨、爱—被爱、爱（恨）—冷漠。

24　朵拉对幻想的态度是视觉性的。可以将这一幻想所展示的"场景"视为原初场景的再现，但朵拉就像"狼人"一样，"一动不动地"眺望着这个恐怖的场景。

25　本书第五章将从不同的角度来探讨这一问题。

26　Sigmund Freud, „Ein Kind wird geschlagen", GW-XII, S. 204.

27　弗洛伊德也提及了第三阶段的施虐狂侧面。弗洛伊德在讨论施虐狂和受虐狂的关系时，总是从语法的倒置结构来探讨两种不同的病理。这一点将在第六章再次讨论。

28　这种抵抗的存在形成了神经症患者和倒错患者的"疾病论门槛"。

29　对于"原初场景"，癔症表现得被动，而强迫性神经症者则表现得主动，这种 1906 年所展示的不同疾病的被动和主动的对比（参见本章尾注 16），在这里被癔症和倒错的对比所置换。

30　如果严格地运用压抑的概念，弗洛伊德关于"神经症是目标倒错的底片"的表述应变更为"癔症是目标倒错的底片"。

31　《一个被打的孩子》这一文本是在"狼人个案"（1918）出版后的第二年撰写的，"狼人个案"以原初场景为主题。

32　面对原初场景所展现的蛮横与暴力，癔症患者会感到一种静止的感觉（无感情）。这种现象与康德在《判断力批判》（第一部分第一篇第二章）中围绕崇高的论述密切相关。

33　Felix Deutsch, "A Footnote to Freud's 'Fragment of an Analysis of a Case of Hysteria'", *The Psychoanalytic Quarterly*, 26, 1957.

34　Decker, *Freud, Dora, and Vienna 1900*, op. cit. 有关朵拉真实形象的更多信息，可参考西格蒙德·弗洛伊德，《一个癔症分析的断片：朵拉个案》，金关猛译，筑摩学艺文库，2006 年，文末有详细解说。

35　Sigmund Freud, *Bruchstück einer Hysterie-Analyse*, GW-V, S. 228.

36　加斯东·巴什拉在《空间的诗学》中讨论了"家""箱子""地下室""阁楼"等空间形象对想象力的影响。分析家罗纳德·布里顿也受到巴什拉思想的影响，提出了"另一个房间"的概念。

37　Ronald Britton, *Belief and Imagination: Exploration in Psychoanalysis*, Routledge, London, 1998.

第二章

心理两性特质与肛门冲动论

心理两性特质的理论至今仍非常模糊，也没有发现其与冲动论的关联，不得不说这是对精神分析的一个严重阻碍。

——《文明及其不满》（1930）

弗洛伊德于 1905 年出版了"朵拉个案"，1907 年对"鼠人"进行分析治疗，并基于此经验完善了强迫性神经症的理论。弗洛伊德对癔症的关注几乎随着"朵拉个案"的出版而终结，而他对强迫性神经症的兴趣则长达 30 多年：从初期（1895 年左右）到在《抑制、症状与焦虑》（1926）一书中得出初步结论。通过癔症的治疗经验，弗洛伊德几乎阐明了从其病因到压抑机制的核心要点。然而，关于强迫性神经症，他最终坦白"有许多不明之处""以不确切的假说或无法证明的推论而终结"[1] 他将强迫性神经症称为精神分析理论的发展过程中"最有趣、最富有成果的疾病"。治疗强迫性神经症的经验迫使弗洛伊德的理论体系发生了根本性的转变，弗洛伊德对自己的理论进行了大幅扩展。在理论扩展的过程中，重要的是将肛门冲动论在真正意义上引入临床实践。在弗洛伊德迄今为止的理论中加入这一构想，将改变精神分析作为一门学科的面貌，而冲动理论则是其基础。

在第一章中，我们通过阐明情感反转这一癔症特有的现象，讨

论了癔症背后存在着倒错的主题。在本章中，我将探讨弗洛伊德在
1900 年代继癔症案例之后分析的两个强迫性神经症案例，并试图说
明倒错的主题也交织在其理论化的过程中。然而，癔症与强迫性神
经症背后的倒错主题是不同的。先简单介绍一下，在弗洛伊德的构
想中，前者主要与从压抑到否认进而到恋物癖的主题相联系，后者
则与从冲动的主动性和被动性到施虐狂和受虐狂的主题相联系，从
而形成理论。而在 1905 年之后的弗洛伊德理论中，前者的主题退居
幕后，后者则被置于前台。在本章中，我首先将重新思考对初期弗
洛伊德来说非常重要的两性特质问题，进而从与上一章不同的角度
来探讨癔症与倒错之间的关系。然后，我将试图重新理解弗洛伊德
在 1900 年代提出的强迫性神经症理论为精神分析理论带来的改变。

1　什么是心理两性特质

尽管人们普遍认为威廉·弗利斯是在 1897 年复活节期间，两人
在纽伦堡再会时向弗洛伊德倾诉了关于两性特质的构想。但事实上，
大约从会面的前一年开始，弗洛伊德写给弗利斯的信中就经常出现
两性特质的主题。1896 年 12 月 6 日，弗洛伊德写道："我将通过全
人类的两性特质来解决倒错与神经症之间的抉择问题。"五年后，
即在出版《释梦》的第二年，他向弗利斯坦言："我的下一部作品
将以人类的两性特质为标题。在其中，我将抓住问题的根源，并导
出终极的理论。"[2] 两性特质不仅在弗洛伊德的初期思想，而且直到
他生命的最后都是一个非常重要的主题。然而，他对于两性特质的
观点却有极大的动摇，最终也没能提出一个连贯的理论（终极的理
论）。

弗利斯认为，每个人都具备两性特质的素质。这一观点的依据是，
在发育正常的男性或女性中一定能找到异性生殖器的痕迹。而且，

每个人的性别是由其身上的男性特质与女性特质的强弱所决定的。从这一观点出发，弗利斯将弗洛伊德的压抑假说解释为个体中的优势性别压抑弱势性别到无意识中。换言之，对弗利斯来说，正是性别的对立构成了压抑的原动力，被压抑到无意识中的，在男性那里是女性特质，在女性那里则是男性特质。弗利斯的这种观点虽然是生物学的，但弗洛伊德将其重新理解为心理两性特质，并将其几乎完全纳入自己的理论构建中。但两性特质的概念所持有的模糊性与混乱将持续困扰着他。[3]

让我们首先来看看这一两性特质的构想给弗洛伊德的理论构建带来的影响。第一，在倒错论的文脉中，即在《性理论三篇》（1905）的第一篇《性异常》中，弗洛伊德导入了两性特质的观点，并将其作为性对象倒错的倾向性因素。如果人类是两性的存在，那么其性对象不必是异性。弗洛伊德从两性特质的观点来重新理解个人性别与性对象之间的联系，将以同性恋为首的性对象倒错视为"正常"的延伸。第二，两性特质的因素在神经症患者的对象选择中发挥着决定性作用。在1915年版的《性理论三篇》的附加说明中，弗洛伊德表示，无意识的对象选择既朝向同性也朝向异性，并不被对象的性别所左右。弗洛伊德在此设想的，特别是癔症患者所呈现的对象选择方式。如前章所述，朵拉的对象选择根据情况而不断改变，其中包括父母、K先生和K夫人，并没有固定的性别。后来弗洛伊德论述道，癔症患者的症状是一种既男性化又女性化的两性特质幻想的表现。[4]如此一来，两性特质的概念首先作为阐明倒错现象的概念，然后作为理解癔症患者的对象选择的重要概念，对弗洛伊德的临床思想带来了极大影响。

然而，弗洛伊德的两性特质理论从某一时期开始就偏离了弗利斯的理论，并形成了独自的见解。成为分歧点的文章，可以列举《幼儿的性理论》（1908）。其中，弗洛伊德主要从对小汉斯个案的治疗经验出发，重新提出自己的两性特质理论。这篇论文始于科幻小说般的创想，"如果从其他行星来观看人类这一存在，最惹人注目的大概是人类有两种性别吧"。此后，弗洛伊德将论点转换为儿童如何在心理上认识性别差异这一问题。[5] 男孩以为在自己身体上看到的阴茎，也存在于包含女性在内的所有人类身上，但当他看到母亲或姐妹的性器官时，不得不改变这种"信念"。然而，这种"信念"强大到足以扭曲知觉，最初通过想象女孩会长出性器官来说服自己，但最终形成了一种新的"信念"，即女性是被阉割的存在。弗洛伊德在 1908 年的文章中，首次运用了"阉割情结"的概念来描述这种在心理上对性别差异的认知。另一方面，最初导入俄狄浦斯情结的概念是在 1910 年，在概念形成的过程中，阉割情结先于俄狄浦斯情结。

这种以阉割情结为核心的性别差异理论，是从弗利斯的理论出发，进而成为完全独立的弗洛伊德自己的两性特质理论。在弗利斯的两性特质理论中，决定性别差异的是男性和女性的性器官。在弗利斯那里，性差异是解剖学的、生物学的差异，两者之间的关系对称且互补。而在弗洛伊德的两性特质理论中，人类有男性与被阉割的男性，决定性别差异的是有无阴茎。弗洛伊德的心理性差异的思想基本是非对称的，是阴茎（阳具[6]）的一元论。

但在这里必须注意的是，弗利斯的观点是基于生物学事实的"科学"假说，而弗洛伊德的两性特质理论则是在力比多的发展阶段中阳具期的幻想，基于这一幻想而建构了男女的性别差异。众所周知，从 1910 年代到 1920 年代初，弗洛伊德完善了儿童的力比多发展阶段的构想，即经历口欲期、肛门期、阳具期和生殖器期的阶段之后，从前生殖器组织过渡到生殖器组织。[7] 阉割情结是只在其中的阳具期所产生的幻想。虽然阉割情结只是存在于这种限定阶段中的幻想，但这一幻想通过介入俄狄浦斯情结的过程，为个人的心理性差异与欲望的定向带来了决定性的影响。[8] 那么，俄狄浦斯情结中的性别差异是如何被构成的呢？在此，我将试图从弗洛伊德在《自我与本我》（1923）中展开的论述来重新把握这一点。

俄狄浦斯情结并非像一般认为的那样，表现为单一（表面[9]）的形式，即对异性父母的爱情和对同性父母的憎恨，而是通过儿童的两性特质的因素在这种情况下的介入，走向复杂多样的命运。这一发展的关键在于阉割情结。当孩子遭遇阉割的威胁时，俄狄浦斯情结就会衰退，这时孩子不得不在认同母亲或进一步强化认同父亲之间做出选择（从对象选择到认同机制）。一般认为正常的是，男孩认同父亲，由此增强性格中的男性特质。与此完全相同，女孩选择认同母亲，从而稳固女性特质。但在临床经验中，弗洛伊德观察到许多与这一结论相悖的案例。例如，男孩没有对父亲采取矛盾的态度，将母亲视作情欲的对象，而是对父亲表现出情欲的女性态度，对母亲则表现出充满嫉妒的敌对态度。弗洛伊德将其称为反面的俄狄浦斯情结。这种情况下的俄狄浦斯情结的衰退结局，比表面的俄狄浦斯情结的结局更加复杂。最终，弗洛伊德总结道，俄狄浦斯情结以认同父亲（男性）或认同母亲（女性）而结束。在男女那里，这可能取决于一个人的两性特质中男女比例的相对强度。俄狄浦斯情结的过程，无论在男孩那里还是在女孩那里，都是各自的两性特质所呈现的四种性追求的总和。这就是弗洛伊德在这篇文章中得出的关于两性特质的暂定结论。[10]

在讨论俄狄浦斯情结命运的第二年，弗洛伊德开始关注难以接受阉割威胁的人如何应对阉割事实的问题。在《幼儿期的性器官组织》（1924）一文中，他首次提及对"阴茎缺失"这一观察事实进行否认（Verleugnung）的防御手段。此外，在《关于解剖学的性别差异的若干心理后果》（1925）一文中，弗洛伊德详细描述了否认的防御过程。"（否认的过程），对儿童的心理生活来说，既不罕见也不十分危险。但在成年人那里就可能引发精神病。女孩可能会拒绝自己被阉割的事实，并坚信自己拥有阴茎，随后表现得像个男性。"[11]弗洛伊德之所以在这里提及精神病，是因为大约在同一时期，他正在研究神经症与精神病中对现实的感知有何差异（《神经症与精神病中的现实丧失》[1925]）。当内部世界与外部世界发生冲突时，神经症患者的自我会压抑内部世界（本我）；而精神病患者则会从外界撤退，并试图用另一种替代物来取代现实。在这篇文章中，弗洛伊德运用否认的机制来理解精神病中这种"现实丧失"的情况。

但仅在两年后，弗洛伊德就将否认与恋物癖者对阉割事实所采取的态度相联系（《论恋物癖》[1927]）。恋物癖者使用恋物的对象，即便意识到阉割的知觉现实，也拒绝承认阉割。弗洛伊德以否认机制的名义重新定义这种对阉割现实的分裂态度。在《性理论三篇》中，恋物癖只是性目标倒错的一种边缘形态。然而，随着阉割情结的问题在其理论体系中变得越来越重要，恋物癖一举占据了弗洛伊德理论的核心位置。恋物癖是阴茎的替代物，也是否认性别差异的标志。而且，对性别差异的否认也是对代际形成的否定的表现。如此一来，恋物癖与癔症背后的倒错系列是相通的。我们从上一章到现在所看到的是，构成了癔症—两性特质—阉割情结—恋物癖这一链接，并以阳具为核心的倒错论谱系。在阐明这一点后，现在让我们来探讨强迫性神经症的病理。

2 "鼠人个案"与肛门性欲

如前所述，弗洛伊德在初期就对强迫性神经症感兴趣。早在《防御——神经精神症》（1894）中，他就展示了开创性的见解，即强迫性神经症的病理是一种停留在心理领域的表象病理，其防御机制在于"情感与表象的分离，以及随之产生的表象之间的误配"。关于其诱因，两年后他在《防御——神经精神症续论》（1896）中推测，癔症源于性的被动体验，而强迫性神经症则是在癔症倾向的基础上叠加主动体验而形成的。弗洛伊德论述道，作为强迫性神经症的主要症状，强迫性表象是"遭遇变化，从压抑中再次返回的责难，通常与伴随着快感的儿童时代的性行为有关"[12]。性诱惑理论构成了关于这种诱因争论的基础，癔症的"被动"与强迫性神经症的"主动"意味着患者对诱惑的态度。然而，弗洛伊德在第二年就彻底放弃了性诱惑理论，因此与强迫性神经症相关的研究被迫中止。让弗洛伊德在这一背景下再次转向强迫性神经症研究的，是对"鼠人"进行的分析治疗，这一分析从 1907 年 10 月开始，持续约 9 个半月。

在当时，"鼠人"是一个持有极罕见症状的强迫性神经症案例。已经有许多学者对"鼠人"的诊断和治疗提出异议。[13] 然而，弗洛伊德从这个特殊的案例中，提炼出强迫性神经症的普遍结构的方法是极为出色的。并且在这一分析工作中，他扩展理论的构想力也令人叹为观止。在分析"鼠人"之前，弗洛伊德的理论中不存在"肛门性欲"这一概念的具体定位，更没有关于憎恨与攻击性的考察，由此可见，"鼠人"为精神分析的理论带来了巨大的影响。在迄今为止的讨论过程中，我将试图重新把握对"鼠人"的分析治疗为弗洛伊德的理论带来了哪些变化。在此之前，让我们先从弗洛伊德自身曾感叹"膨大且难以处理"（致荣格的信）的案例概述中，简要抽取出我们的讨论所需的要点。

恩斯特·兰泽（"鼠人"）从小受困于强迫观念，在大学毕业后的服兵役期间，他被奇妙的强迫观念所折磨。起因是他在接受兵役训练时丢失了夹鼻眼镜。他立即发电报给维也纳的一家眼镜店，让他们补发一副眼镜。在等待眼镜到货的期间，他偶然坐在一位喜好讲述残酷故事的上尉旁边，并听到了在中国实行的肛门刑罚（将一个盆扣在受刑者的屁股上，盆里装着几只禁食了两天的老鼠，从而让老鼠侵噬受刑者的肛门和直肠）。[14] 第二天晚上，他预定的眼镜到货了。他从上尉手中接过眼镜，而上尉在递给他时说道，"A 中尉帮你垫付了费用，你必须把钱还给他"。这时，在他的脑海中浮现了一个念头，即"不要还钱，否则就会发生那件事情（父亲与恋人吉塞拉就会受到肛门刑罚）"。在那之后，他努力还钱给 A 中尉，但每次都因这一强迫观念而受阻，无法付钱。当他终于见到 A 中尉时，A 中尉告诉他垫付眼镜费用的是 B 中尉。此时，他对自己无法执行上尉的命令——必须还钱给 A 中尉——感到非常困惑，于是决定去拜访弗洛伊德。

这份案例报告被弗洛伊德称作"艺术作品"，以解读"鼠人"中极其复杂的症状含义为基轴，可以将其简要归纳如下。[15] 从"鼠人"对"鼠"（Ratten）一词的联想中，弗洛伊德发现这个词与以下三个词语相关联："Spielratte"（好赌的父亲）、"Raten"（分期付款）和"Heiraten"（结婚）。"Spielratte"在德语的口语中意味着赌徒，指的是他的父亲。他的父亲在军队服役期间将军费挥霍在打牌上，由此差点被处分，而这时有一位好心的朋友帮忙垫付了费用。后来，他的父亲变得富裕，并试图把钱还给这位朋友，却再也找不到这位友人的下落。结果，他的父亲终其一生都无法偿还这笔"债务"。换言之，"鼠"（Ratten）和"Spielratte"这两个词语之间的联系展现了他对父亲的认同。此外，弗洛伊德解释道，"Raten"（分期付款）是指他的负债（眼镜的垫付费用）以及他的父亲未偿还的负债。而"Heiraten"（结婚）则表现了他的父亲以及他本人对婚姻的犹豫不决。当他的父亲准备结婚时，在富家女和贫家女之间犹豫不决，最终选择了富家女，即与"鼠人"的母亲结婚。"鼠人"正如同当时的父亲一样，在选择富家女还是贫家女的矛盾情感中备受煎熬。如此一来，"鼠"（Ratten）这个词语与构成兰泽的生活史中重要节点的事件相连，并形成了他的症状，正如分析治疗所揭示的那样。[16] 然而，弗洛伊德在分析"鼠人"的过程中，并没有在之前形成的理论延长线上推进治疗。在对"鼠人"进行分析治疗的同时，他大幅修改了自己的理论。在此，我将试图思考其理论变化与发展的过程及其内在机制。

"鼠人个案"展示了弗洛伊德对肛门性欲的浓厚兴趣。在接触这个案例之前，弗洛伊德在《性理论三篇》中将肛门作为可比拟于生殖器官的次级器官，并承认肛门与部分冲动相关。然而，那里所讨论的是肛门作为性目标倒错的器官，或者作为身体冲动来源的器官。"鼠人个案"首次将肛门性欲作为与强迫性神经症密切相关的部分冲动进行了具体的论述。换言之，只有通过这一案例，肛门性欲与强迫性神经症之间的内在联系才可能被发现[17]，并随后发展成一种坚实的理论。

从我们的观点来看，弗洛伊德通过此案例得出了以下两个重要构想。其一是将肛门冲动理论导入临床实践，正如本章开头提到的那样。在这个案例中，肛门性欲的部分冲动被认为与强迫性神经症有内在联系。如前所述，相对于癔症患者的被动性，弗洛伊德强调了强迫性神经症患者的主动性。但在本案例分析中，这种主动性被重新理解为（对父亲的）憎恨与攻击性。[18]这种主动性与肛门性欲的结合形成了强迫表象（肛门刑罚的表象）的症状。此后，关于肛门性欲的讨论主要有三个方向。第一个是关于细致、节俭和固执等性格特征（肛门性格）的讨论（《性格与肛门性欲》[1908]）。第二个是假设"肛门期"阶段作为力比多发展理论的开端（《强迫性神经症的倾向》[1913]）。第三个是讨论肛门性欲中成问题的冲动对象，在无意识中具有象征的等价性，如粪便＝金钱＝孩子（《论冲动转变，尤其是肛门性欲的冲动转变》[1917]）。如此一来，将肛门性欲作为部分冲动的引入，使弗洛伊德的理论扩展至发展理论、性格理论（人格理论），甚至无意识的象征理论。

另一个重要构想是将施虐狂的概念引入精神分析理论。弗洛伊德在《性理论三篇》中，讨论了被理查德·冯·克拉夫特－埃宾 * 命名为最常见的性目标倒错的施虐狂和受虐狂。虽然弗洛伊德关注这两种倒错的主动与被动之间的对立，但还是将这两种倒错形态定位为性目标倒错的一种类型。施虐狂一词新近出现在弗洛伊德的文本"鼠人个案"中。弗洛伊德从"鼠人"对父亲的爱以及过度的罪责感中看出了由反作用形成所压抑的施虐狂。他进一步论述道，在"鼠人"的（作为行为准备阶段的）强迫性思考中，存在着冲动的施虐狂成分。虽然在"鼠人个案"中没有更加详细的讨论，但《强迫性神经症的倾向》一文可以说是对"鼠人"的分析经验的理论性概括，它假设了由肛门性欲冲动和施虐狂冲动[19]所支配的前生殖器组织的阶段。弗洛伊德进而得出结论，强迫性神经症的病理是朝向前生殖器组织（肛门施虐期）的退行。[20]弗洛伊德在讨论癔症时，没有想到朝向前生殖器组织的退行。[21]另一方面，弗洛伊德表示，强迫性神经症的本质在于这种向肛门施虐期的退行，这种退行所导致的攻击性产生了强迫性神经症的诸多症状。[22]

因此，"鼠人"这一强迫性神经症患者的肛门性欲一直都是在主动性与被动性的对立中，与主动性的关系中进行讨论的。然而，正如弗洛伊德在《强迫性神经症的倾向》中指出的"肛门性欲的被动之流"[23]那样，肛门性欲同时具有主动与被动的两个侧面。另一种"被动之流"在弗洛伊德结束"鼠人"分析的三年后，对另一名"强迫性神经症患者"的分析治疗中凸显出来。

3 "狼人个案"与受虐狂

从 1910 年起，弗洛伊德对"狼人"（谢尔盖·潘克耶夫）进行

---

* 理查德·冯·克拉夫特－埃宾（Richard von Krafft-Ebing, 1840—1902），奥地利精神病学家，性学研究的创始人之一，其于 1886 年发表的专著《性精神病态》被誉为性科学的开创性著作。——译者注

了长达 4 年半的治疗。"狼人"被贴了许多诊断标签，包括躁狂抑郁症、妄想性精神病、双相障碍、强迫性神经症的残余症状等。弗洛伊德在这一案例分析的记述中主要关注的不是案例的全貌，而是从成年后现在的时间点出发，来重新理解患者的儿童期神经症。弗洛伊德将"狼人"的儿童期分为以下四个阶段：第一阶段，受到姐姐的诱惑以及目击原初场景；第二阶段，做了焦虑的梦从而引起性格转变；第三阶段，对动物感到恐怖的症状；第四阶段，直到 9 岁的强迫性神经症的时期。在此，我想讨论的是弗洛伊德对"狼人"的强迫性神经症时期，即第二阶段和第四阶段的描述与考察。[24]弗洛伊德在"鼠人个案"中主要讨论的是肛门性欲的主动面，而在"狼人个案"中则细致地讨论了肛门性欲的被动面。

　　"狼人个案"的核心情节是患者 4 岁时做的一个梦，他梦见在一棵胡桃树上栖居着六七匹狼。弗洛伊德从这个梦中重新构建了狼人在 1 岁半时目击父母后背式性交的经历（弗洛伊德承认这一构建在精神分析理论中是最棘手的［heikelst］）。弗洛伊德假设，后背式性交可能使"狼人"看到了父亲与母亲的性器官，并引发了阉割焦虑和肛门区域的兴奋。在第二阶段产生了从阉割焦虑到肛门施虐的退行，在第三阶段对父亲的恐惧被对动物的焦虑所替换。而到第四阶段，"狼人"在圣经的影响下克服了阉割焦虑，但在认同基督并亵渎父亲（神明）的同时，重复着作为反作用形成的宗教的强迫性仪式。

　　将强迫性神经症的机制视为向肛门施虐期的退行，这在"鼠人"的分析与"狼人"的分析中都是一样的。然而在"鼠人"中，弗洛伊德主要关注肛门性欲的主动性，而在"狼人"中则强调肛门性欲的被动性。这种差异可归因于"狼人"与"鼠人"之间的病理差异，以及"狼人"的分析治疗到达人格的更深层次。从初期的《防御——神经精神症续论》到《抑制、症状与焦虑》，弗洛伊德反复指出，在强迫性神经症的最底层存在着极早期形成的癔症倾向。而在"狼人"中，分析就触及了早期的癔症倾向[25]，在这里浮现出"狼人"的男性特质与女性特质的问题（两性特质的问题系）。在"狼人"个案中，由于强烈的阉割焦虑，女性特质占主导地位。让我们来简要探讨一下弗洛伊德是如何从这一案例导出肛门性欲的被动面。

"狼人"分析的核心主题是原初场景的幻想，"狼人"分别认同了这一场景中的父母。[26]可以从以下情节中读取出对父亲的认同，即当保姆下蹲并翘起臀部以便打扫地板时，"狼人"兴奋得在床上撒尿。保姆就是原初场景中母亲的代理，"狼人"认同父亲并撒尿。然而，在"狼人"那里，显著的是对母亲的认同。根据弗洛伊德的说法，在原初场景中，"狼人"害怕将自己放在母亲的位置上，但又嫉妒母亲与父亲的这种关系（反面俄狄浦斯）。"狼人"有时会因肠道疾病而便血。这让人联想到原初场景中母亲的特殊姿势以及母亲偶尔提到的出血（月经），这是对母亲的决定性认同。这种认同使"狼人"的肛门性欲带有被动性。这是因为，据弗洛伊德所言，"能够表现对母亲的认同，以及对父亲的被动的同性恋态度的器官，是肛门区域"[27]。从这一观点出发，弗洛伊德提取出原初场景中肛门性欲的三个被动特征。第一，对"狼人"来说，肛门是接受阴茎和获得性满足的被动器官。第二，在原初场景的幻想中产生了肛门与阴道位置的混淆。弗洛伊德以一种"儿童的性理论"，即排泄腔理论来说明这种混淆。由于欠缺解剖学知识，儿童并不了解肛门与阴道的区别。同样，"狼人"也认为肛门是性交的器官，孩子从肛门出生。第三，原初场景中的肛门性欲具有受虐狂的性质。肛门冲动并不一定是施虐狂的，一旦施虐狂反转回自身，就很容易变为受虐狂。在《性理论三篇》中，受虐狂一词作为目标倒错的一种类型被提出，在"狼人个案"中则作为一种临床现象被频繁使用。

就这样，弗洛伊德通过对"狼人"的分析经验，几乎完成了自己的强迫性神经症理论。[28]弗洛伊德从"狼人"的两性特质的（女性的）倾向中引申出肛门性欲的被动面。但在进行理论化的过程中，他一直小心翼翼地避免将男性特质与女性特质的对立混同于主动性与被动性的对立。[29]而且在理论化的过程中，他提取出肛门施虐期中的主动性与被动性的对立，以及作为肛门施虐狂的反转现象的受虐狂这一倒错现象。如前所述，在弗洛伊德对强迫性神经症进行理论化的过程中，倒错的主题也交织于其中，但这是与恋物癖完全不同的施虐狂和受虐狂倒错。这构成了弗洛伊德倒错论的另一个系列（尤其在弗洛伊德后期占据核心位置的倒错是受虐狂）。在回溯弗洛伊德关于强迫性神经症的理论时，我们在这一背景下瞥见了以冲动为起点的倒错论谱系，它构成了以下链接：强迫性神经症—朝向肛门施虐期的退行—冲动的主动性与被动性—施虐狂与受虐狂。

我们已经在弗洛伊德关于强迫性神经症的理论化过程中读取出不同于癔症的倒错主题，但在这里浮现了几个新的问题。其中一个问题是，这里所说的倒错与真正的倒错之间有怎样的关系。的确，在探讨弗洛伊德的强迫性神经症理论时，可以发现倒错的诸多形态（同性恋、肛门性欲、施虐狂、受虐狂等）的要素。但这些主要是由基于儿童的多形倒错的冲动的无轨道性所引起的，不同于弗洛伊德在《精神分析引论》（1916—1917）中描述的倒错，即诸多冲动"以某个部分冲动为核心而被构成"[30]的倒错。我们在第一章参考了弗洛伊德《一个被打的孩子》这一文本，并讨论了癔症中的倒错现象与性倒错的差异。那么，强迫性神经症中的倒错现象与倒错的差异在哪里呢？在此，我想重新思考这一问题。

弗洛伊德通过"狼人"个案暂且完成了强迫性神经症理论。在这一理论中，他认为施虐狂与受虐狂之间存在一种可逆的关系。在施虐狂那里，当攻击性朝向自己时，就会转变为受虐狂。对这一时期的弗洛伊德来说，受虐狂只是施虐狂的产物。然而，在弗洛伊德于 1915 年左右对自己的理论进行全面的回顾工作（《元心理学理论》的构建）中，这一观点不得不被重新审视。例如，在当时最具代表性的冲动论文章《冲动及其命运》中，弗洛伊德区分了强迫性神经症中的受虐狂与作为倒错的施虐狂。[31] 弗洛伊德在这一文本中强调，有必要对从主动性到被动性的转换进行更细致的研究，之后他将从施虐狂到受虐狂的转换分为以下三个阶段。

（a）施虐狂对作为对象的他人行使暴力和武力。

（b）这个对象被放弃，取而代之的是自己。通过使攻击性转向自身，主动的冲动目标转变为被动的冲动目标。

（c）一个新的他者作为对象，由于目标转变过程的发生，这个人被迫承担主体的角色。

弗洛伊德将从施虐狂到受虐狂的转换过程分为三个阶段后，明确指出在受虐狂那里，这一转换过程到达（c）阶段，而在强迫性神经症那里则只到达（b）阶段。换言之，强迫性神经症中的自我惩罚只不过是攻击性朝向自身的反转，而看不到受虐狂的被动性，即希望受到新的他者（而不是自己）的惩罚。弗洛伊德通过将这种情况类比于希腊语的语法结构，来说明在受虐狂中主动态转变为被动态，而在强迫性神经症中主动态转变为中动态。[32] 因此，强迫性神经症中产生的受虐狂是在主动态的转变过程中产生的受虐狂，不是真正意义上的受虐狂。[33] 为了从理论上讨论作为倒错的受虐狂，而非作为施虐狂的反转现象，有必要参考《超越快乐原则》（1920）中构建的死冲动概念。关于这一点，我们将在第三部分进行探讨，在此我们将依据迄今为止的论述来讨论一个具体的例子。

4　强迫性神经症与受虐狂

患者是 20 岁出头的男性。[34] 从初中开始，就出现了在学校紧张、谈话困难等社交恐惧症。升入高中后症状加重，高二时休学，之后辍学。辍学之后在工厂和医院做过兼职，因经常对人际关系感到苦恼，无法长时间做同一份工作。从高中开始，他就在几个精神科诊所接受过心理和药物治疗，由于症状没有得到改善，便开始了精神分析治疗。

在分析治疗的初期，他因非常紧张而无法进行自由联想。仔细倾听，就会发现他的症状与所谓的社交恐惧症不同。他是在字面意义上害怕他人。此外，他有一种强迫症状，即每当脑海中浮现"死亡""精神病"这种"不吉利"的词语时，就试图在脑海中用"黑板擦"擦掉这些词语。经过 2、3 个月的分析，他不再对我感到害怕，但与此同时，却表现出不自然的傲慢态度。这时，他诉说了一个"从未向任何人提起过"的事件。

他的父亲是中学的教导主任，在家里很和善，但在学校作为一名教导主任对学生非常严厉。因此从小学开始，由于父亲的身份他经常被同学挖苦，并感到羞耻。到了小学的高年级，他开始诅咒自己不得不去父亲工作的中学上学的命运。进入中学后，他开始在学校表现出叛逆的态度。在教室里抽烟，并多次在放学回家的路上从商店里偷东西，他对此乐此不疲。因此，他的父亲曾在家里警告过他，但他的行为却变本加厉。他的父亲对这种行为感到非常困扰，并陷入了抑郁状态而停职。结果，出于对周围人的顾虑，父亲转到了附近的小学工作了一段时间，几年后因肺癌去世。他对这一连串的事件感到自责，仿佛是自己害死了父亲。

在说完这段经历后，他如释重负，并继续谈论父亲。然而，在谈论父亲的同时，他开始谈及与父亲的死亡看似没有关系的性幻想。

在中学时代，如果喜欢的女生对他冷淡，他就会想象这个女生因事故而死。而且，他当时喜欢看 SM 杂志，想象自己被女人捆绑虐待并沉溺于手淫。幻想中的伴侣总是女性，他必须扮演受虐者而不是施虐者来获得满足。然而，高中辍学之后，他的幻想发生了变化。他在脑海中刻画自己所憧憬的女性被（任意的）男性虐待的场景，并且想象自己是那名女性而获得强烈的兴奋。

他在 15 岁之后有过实际的性行为，但这让他很扫兴。后来，他让交往的女性遵从他的幻想场景，但由于感到恶心这些女性便离开了他，从 25 岁起他就开始在闹市区向男性卖淫。虽然他的性欲对象是女性，但也与男性发生性关系。在这些关系中，他想象自己是被男性虐待的女性，从而获得兴奋。

在分析治疗中，当他认为我害怕他时就会变得傲慢，对我的解释做出肤浅和大致肯定的反应。而当我沉默地听他说话时，他有时会看着我，觉得我可能"死了"。经过半年左右的分析治疗后，他的"社交恐惧症"和强迫性观念有所减轻，但其性偏好没有发生变化。之后，他开始厌恶自己付费来进行自由联想的分析设定，并说道"父亲的事情已经解决了，剩下的就是在现实中找一个性伴侣"，表示想从分析中"毕业"。他一再要求我证明他没有半途而废，而是已经"毕业"了（事实上，他是想要求我证明他已经从他半途而废的"父亲的中学""顺利毕业"了）。当他发现不能实现这一点时，就不再来接受分析了。

*

这一患者最初的幻想（自己被女性虐待）带有强烈的施虐狂成分。[35] 如果参照弗洛伊德在《冲动及其命运》中展示的从主动性到被动性的三个阶段的转换，这里就产生了作为施虐狂反转的受虐狂。然而在这一时间点上，（c）阶段中"新的他者"尚未出现。在他对父亲抱有的罪责感的影响下，这一幻想转变为第二阶段的幻想，即自己所憧憬的女性被（任意的）男性虐待的幻想，他对其中的女性进行了自恋性认同，并获得强烈的快感。此幻想中出现了"（任意的）男性"这一新的他者。[36] 换言之，这一幻想的被动性不是施虐狂（主动性）的反转，而正是受虐狂的被动性。

在之前的论述中 [37]，我们从幼儿性欲与成人性欲的观点来理解这名患者的强迫性神经症与倒错的共存，认为这名患者基本上展现了强迫性神经症的病理，并将他的幻想中出现的倒错元素理解为（由罪责感所装饰的）幼儿多形倒错的性现象。然而，如果从弗洛伊德的肛门冲动论来重新探讨这一案例，就会发现患者的病理核心不是强迫性神经症，而是受虐狂。从对父亲死亡的罪责感这一观点来理解这一患者的受虐狂倾向，存在着明显的局限性。准确地认识这种局限性不仅对理解患者的精神病理，也对分析治疗具有重大意义。

5　倒错论的两个系列

在本章中，我们论证了弗洛伊德是在倒错论系列的背景下讨论癔症的，这一倒错论系列以阳具为核心，并构成了两性特质—阉割情结—恋物癖这一链接；随后他又沿着冲动的主动性与被动性—施虐狂与受虐狂这一倒错的系列，建构了强迫性神经症的理论。在考虑弗洛伊德理论中的倒错问题时，一个难点在于弗洛伊德终其一生都在平行地探讨这两个主题，但没有建构出一套理论来综合处理这两个主题。[38] 这两个主题出现的时间也很难确定。从早年弗利斯的重要影响，到 1905 年左右对"朵拉个案"的撰写，再到《幼儿期的生殖器组织》（1924），这时阳具中心组织达到顶峰，然后到 1927 年对"恋物癖"的撰写，两性特质的问题一直占据主导地位。而冲动论的主题则在 1905 年的《性理论三篇》、1915 年和 1920 年代达到顶峰。但事实上，不能明确区分这两个时期，在很多情况下，这两种问题体系是交织在一起的。显而易见的是，在强迫性神经症的治疗经验之后，弗洛伊德的理论正是作为一种冲动的理论而展现出其全貌的。

在第一部分中，我们主要通过聚焦初期弗洛伊德的步伐来进行讨论。迄今为止，我们所关注的是弗洛伊德理论中倒错论的谱系。而在涉及中期理论的第二部分，我们将讨论自恋的倒错。在涉及后期理论的第三部分，我们将以受虐狂的倒错为主题。以第一部分的工作为基础，我们终于踏上了通往弗洛伊德理论的核心腹地之路，即通往冲动论的道路。

注 释

1　Sigmund Freud, *Hemmung, Symptom und Angst*, GW-XIV, S. 142.

2　1901 年 8 月 7 日，致弗利斯的信。这里的"下一部作品"是指《性理论三篇》。

3　在 1915 年版的《性理论三篇》的追加注释中，弗洛伊德指出，男性特质与女性特质这两个概念有时在主动或被动意义上，有时在生物学或社会学意义上被运用。

4　Sigmund Freud, „Hysterische Phantasien und ihre Beziehung zur Bisexaulität", GW-VII. S. 197-199.

5　拉普朗什认为，构成人类性欲根本差异的不是男女的性别差异，而是成人与孩子之间的性欲差异。关于这一点，我将在第三部分讨论。

6　弗洛伊德并不常用阳具（阴茎）这个词，它仅限于表示阴茎期（阳具期）。

7　更准确地说，弗洛伊德的力比多发展理论经由以下阶段而被体系化。他首先假定了肛门期的前生殖器组织（1913），然后发现了口欲期（1915），最后假设了阴茎期、生殖期的阶段（1923）。通过这种体系化，力比多的多向扩散现象，即幼儿的多形态倒错，则会随着发展而汇集于阴茎的矢量之下。

8　弗洛伊德本人担心，随着阉割情结的普及，这一概念将会被泛用并隐喻性地用于表示分离的事件，如断奶、粪便、分娩等（《一个五岁男孩的恐怖症分析》的附加部分，1923 年，第 10 页）。弗洛伊德认为，阉割情结这一概念仅用于与阴茎的丧失有关的心理效果。

9 曾被称为阳性与阴性的俄狄浦斯情结，在岩波版的《弗洛伊德全集》中被译为正面与反面的俄狄浦斯情结。我将沿用岩波版的译法，其中包括摄影的正片和底片含义。

10 自己内部的两种性别，由于追求父母的两种性别而变成了四种性别。然而，如果将两性特质看作程度的问题，就会存在许多中间形态，说四种并不正确。

11 Sigmund Freud, „Einige psychische Folgen des anatomischen Geschlechtsunterschieds", GW-XlV. S. 25.

12 这一定义来自以下观点："癔症是前性的性恐怖的结果。强迫性神经症是之后变为非难，前性的性快感的结果。"（致弗利斯，1895 年 10 月 15 日）

13 以下是两本有名的书：Patrick Mahony, *Freud and the Rat Man*, Yale University Press, 1986；Mikkel Borch-Jacobsen, *Les Patients de Freud: Destins*, Editions Sciences Humaines, 2011。此外，吉恩 – 米歇尔·基诺多兹将"鼠人"诊断为精神病。

14 这种肛门刑罚在当时广为人知，奥克塔夫·米尔博的《酷刑花园》（1899）（篠田知和基译，国书刊行会，1984 年）提及了中国的刑罚。

15 弗洛伊德本人在报告这一案例时，经常从解读"鼠"这个词出发来发表演讲。（Hermann Nunberg, Ernst Federn [Hg.], *Protokolle der Wiener Psychoanalytischen Vereinigung, Bd. 1: 1906-1908*. S. Fischer, 1976 [Neuausgabe: Psychosozial-Verlag, 2008]. S. 348）

16 拉康将"鼠人"的幻想所编织的故事称作"神经症患者的个人神话"，并生动地讲述了"鼠人"的症状与生活史的结合（Jacques Lacan, *Le mythe individuel du névrosé*, Seuil, 2007）。

17 肛门性欲和强迫性神经症之间的内在联系是建立在经验事实的基础之上，并非必然的。弗洛伊德完全有可能不将强迫性神经症与肛门性欲结合在一起来建构理论。

18 关于憎恨与施虐狂结合的问题，弗洛伊德在"鼠人"的案例分析中有所保留地指出，"爱的负面因素与力比多的施虐狂成分之间的关系没有得到阐明"。而在《冲动及其命运》（1915）中，两者的关系得到澄清。

19 弗洛伊德认为，这里所说的施虐狂是指主动的压制冲动发挥了性功能的作用。

20 如果将退行的概念理解为力比多在时间上朝向某个发展阶段的逆行，那么这个概念的确有图解还原主义的侧面。但如果考虑弗洛伊德后来强调自我功能先行于力比多发展（《强迫性神经症的倾向——对神经症选择问题的一种贡献》），以及施虐狂中性欲成分的疏离，即冲动分离（《抑制、症状与焦虑》）

是引起退行的主要因素，就会明白这一概念为精神分析带来了深远的影响。

21 弗洛伊德明确指出，在癔症中力比多会退行至原初的（乱伦）性对象，但没有发现退行至性器官组织的较早期阶段（GW-XI, S. 355 ）。

22 Ibid., S. 356. 在"鼠人"中，肛门施虐期的攻击性会产生关于肛门刑罚的各种强迫症状。

23 Sigmund Freud, „Die Disposition zur Zwangsneurose: Ein beitrag zum Problem der Neurosenwahl", GW-XVIII, S. 448.

24 在 Sigmund Freud, *Aus der Geschichte einer infantilen Neurose*, GW-XII 中，主要相当于第六章"强迫性神经症"和第七章"肛门性欲与阉割情结"。

25 弗洛伊德写道："在我们的案例中，存在着强烈的癔症。"Ibid., S. 153.

26 "狼人个案"勾勒出完整的俄狄浦斯情结，这一文本写于《自我与本我》的9 年前。

27 Ibid., S. 110.

28 在《抑制、症状与焦虑》中，弗洛伊德以更加整合的形式对此进行了理论总结，而在"狼人个案"中基本涵盖了重要的点。

29 在前生殖器的组织中不存在男性特质与女性特质的对立，只有主动性与被动性的对立。因此，在讨论肛门施虐期时，弗洛伊德指出，其中主动性和被动性的区别必须明确区分于男性特质和女性特质的区别。这一点对于避免混同冲动论的问题系与两性特质的问题系也非常重要。但弗洛伊德也承认这是一项极其困难的工作。以让·拉普朗什和吉恩 – 伯特兰·彭塔利斯为首的诸多学者已经指出，在弗洛伊德的几个文本中，无法作出这种区分，特别是被动性与女性特质的区分。

30 Sigmund Freud, *Vorlesungen zur Einfuhrung in der Psychoanalyse*, GW-Xl, S. 334.

31 Sigmund Freud, „Triebe und Triebschicksale", GW-X, S. 220-221.

32 这一观点非常有趣，但弗洛伊德参照的似乎不是希腊语中的中动态（如《弗洛伊德全集》英语版的译注所说的那样），而是德语中的派生词，即反身动词。后来在《精神分析的四个基本概念》（小出浩之、新宫一成、铃木国文、小川丰昭译，岩波书店，2000 年）中，拉康运用法语的代词动词结构讨论了部分冲动中主体的生成。

33 比较从施虐狂到受虐狂的三个阶段和"一个被打的孩子"（弗洛伊德强调这一幻想经常出现在强迫性神经症患者身上）中三个阶段的转换，是非常有趣的尝试。（1）父亲打我讨厌的孩子；（2）我被父亲打；（3）一个孩子被打——这三个阶段很难严密地对应于主动态、中动态和被动态的语态转换，但受虐狂的被动性出现在第二阶段。即在第二阶段中，"我正痛苦地被父亲性交"。关于这一点，可参考唐纳德·梅尔泽的《克莱因派的发展》（松木邦裕监译，世良洋、黑河内美铃译，金刚出版，2015 年）的第 11 章。

34 这是我在拙著《即将到来的精神分析程序》（讲谈社选书事业，2008 年）的第二章中讨论的案例。案例记述的整体面貌取决于侧重的点，这里侧重于患者的性幻想。

35 如果严格遵从弗洛伊德的理论，就可以认为这位患者抱有强烈的阉割焦虑，从反面的俄狄浦斯情结退行至前生殖器的组织。

36 患者不同意我的解释，即这个（任意的）男性是他的父亲。

37 参考本章尾注 34 的拙著第二章。

38 关于两性特质的问题系列，如果从赋予逻辑整合性的方向来进行理论化，就可以将以阳具为核心的结构性倒错设想为其理念模型。此外，如果从各种冲动的无轨道性如何在发展过程中被组织这一方向来进行理论化，那么可将倒错的形成整理为一种发展模型。这两种方向是之后的精神分析的发展步骤。换言之，弗洛伊德最终未能统合的两性特质与冲动论的问题，在之后的精神分析中作为结构的倒错或作为发展的倒错问题，被持续讨论。

第二部分

————————

自恋的迷宫

第三章

纳西索斯的身体

> 由于光线或神明之神经的不断流入，我的肉体充满了感官的愉悦神经，这种状态已经持续了六年以上。
>
> ——丹尼尔·保罗·施瑞伯*，《一名神经疾病患者的回忆录》

在第一部分，我们概览了弗洛伊德理论作为冲动论而展现全貌的过程。这是到 1910 年为止的弗洛伊德。第二部分则聚焦 1910 年代以后的弗洛伊德的步伐。在面对前所未有的大规模战争的时代，弗洛伊德的宏大抱负促使他将精神分析理论扩展到更广阔的领域。

在 1910 年代初，弗洛伊德连续出版的著作呈现出两个方向。一方面，《列奥纳多·达·芬奇的童年回忆》（下文简称《达·芬奇论》）、《图腾与禁忌》等作品展示了将精神分析理论应用于病迹学和人类学的可能性；另一方面，他与尤金·布鲁勒**和荣格的交流，将精神分析的版图扩展至对精神病（自恋性神经症）的理解，这一尝试最终形成了《施瑞伯论》。朝这两个方向扩展的关键是，与冲动（力比多理论）密切相关的"自恋"概念。在第一部分中逐渐浮出水面的冲动论，在此之后将以自恋为基本概念，呈现出巨大的发展。

---

*　丹尼尔·保罗·施瑞伯（Daniel Paul Schreber，1842—1911），德国法官，因对个人的妄想型精神分裂症体验的记述而闻名于世，著有《一名神经疾病患者的回忆录》。后因弗洛伊德依据这本回忆录进行的分析与解释，而在精神分析界和精神医学界广受关注。——译者注

**　尤金·布鲁勒（Eugen Bleuler，1857—1939），瑞士精神病学家，因对精神病的研究和创造"精神分裂症"一词而闻名于世。——译者注

　　《自恋导论》是弗洛伊德1910年代的著作群中的分水岭，如本书序章所述，这本书对自恋进行了严密的论述。在此基础上，弗洛伊德继续探讨新的主题，包括身体和精神病以及自我的问题等。在本章中，我将在冲动论的脉络下，探讨这一文本的意义和潜力。

1　自恋之谜

　　自恋原本是一个术语，用于命名性欲与朝向他者身体一样，朝向自己身体的倒错。[1] 在《自恋导论》中，弗洛伊德扩展了精神分析理论，认为力比多朝向自己身体这种特殊的力比多布阵不仅限于倒错，而且是在所有人类的性发展过程中所采取的配置。《自恋导论》的重要性在于弗洛伊德通过导入自恋的概念而大幅更新了其理论。该文本是概念构成与理论发展之间密切的内在联系，以及概念在理论构建中发挥作用的极好例证。而且，围绕自恋的概念，冲动论与自我论、对象论相互交织，从中产生了弗洛伊德的诸多重要概念，如自我力比多、对象力比多和对象选择。然而，或许正因如此，这绝对不是一个易读的文本。就像弗洛伊德自身在落笔成文时所说的"难产的聚集"一样，《自恋导论》中存在许多具有潜力却未完成的概念。弗洛伊德总是对自己写的东西感到不满，对《自恋导论》尤其如此，写完后他非但没有感到轻松，反而患上了头痛和肠道疾病。[2]

　　在这一复杂的文本中，弗洛伊德主要讨论的概念是初级自恋和次级自恋。让我们先来梳理一下这两个概念。弗洛伊德的主题是处于对立关系的性冲动与自我冲动的发生问题。他从生物学的假说中推导出性冲动与自我冲动的分离。性冲动与自我冲动不是同时发生的。起初，身体内部存在性冲动的旋涡，弗洛伊德称之为自体情欲。自体情欲是无定向的性冲动之流，不具有方向性。而将这种自体情欲的状态统一起来，并对其"赋予形式"（gestalten）的是初级自恋。

此外，初级自恋在个体内部产生"新的心理作用"。这就是接受了初级自恋投注的原初自我的作用。因此，初级自恋与自我的诞生紧密相连。发生的顺序首先是混沌的性冲动，然后通过初级自恋的作用产生自我的心理功能。

弗洛伊德的初级自恋是一个比次级自恋更加复杂的概念。1910年代初，弗洛伊德的初级自恋主要有两个模型。一个是有机体对外界形成一种封闭统一体的状态。这是子宫内生活的状态，其中不存在对象。然而，弗洛伊德指出，这种模型是神话的，这种有机体无法存活片刻。另一个是婴儿通过母亲的照顾，获得幻觉性满足的状态。[3]这种状态是一种自恋的满足状态，但婴儿已经有了母亲这个对象，作为对象的母亲无法完全满足婴儿。最终，婴儿放弃了以母亲为对象来获取幻觉性满足的手段，并试图改变现实（所谓的从快感－自我［Lust-Ich］到现实－自我［Real-Ich］的过渡）。

另一方面，弗洛伊德关于次级自恋的思考非常明晰。次级自恋是"力比多撤回自我的状态"。弗洛伊德写道，他是在1908年与卡尔·亚伯拉罕[*]讨论精神分裂症时产生这个想法的。[4]弗洛伊德完全采纳了亚伯拉罕的见解，即"在精神分裂症患者中，没有朝向对象的力比多投注，从对象分离的力比多撤回自我，这成为精神分裂症的夸大妄想的源泉"。他认为这种朝向自我的力比多撤回不仅限于精神分裂症的夸大妄想，也可见于强迫性神经症患者的"思考万能"、疑病症、性倒错和睡眠状态中。

在这一系列的讨论过程中，预先假定的是前述的性冲动与自我冲动（自我保存冲动）这两种原初冲动对立的假说。

我们应该清楚地认识到犯错的可能性，并继续彻底运用最初所述的自我冲动与性冲动对立的假说，这是在分析转移神经症时不能

---

[*]　卡尔·亚伯拉罕（Karl Abraham, 1877—1925），德国精神分析家，弗洛伊德的学生兼同事，在性心理学、性格发展、躁狂抑郁症和象征主义等方面做出了重要的理论贡献。——译者注

忽视的假说，以便看它是否能获得持续且富有成效的发展，并应用于精神分裂症等疾病。[5]

在这一过程中，弗洛伊德以临床直观所得出的假说为指南针，来对临床现象进行研究，他的认知突然达到了一个新的境界。我们能够在这些步伐中窥见弗洛伊德思想的独特性。

自恋是为弗洛伊德 1910 年代的理论注入崭新活力的基本概念，但在将这一概念应用于多种临床现象的过程中，弗洛伊德逐渐发现难以维系作为这一概念前提的性冲动与自我冲动的对立。例如，在《自恋导论》中，弗洛伊德首先区分了初级自恋与次级自恋，然后提出了形成自我的原初力比多投注。通过自恋的作用，力比多朝向自己并形成了原初的自我，随后力比多从自我朝向对象。弗洛伊德运用了原生动物的身体及其发出的伪足的比喻来理解这种自我。原本，弗洛伊德使用"力比多"和"兴趣"这些术语，以区分性冲动与自我冲动的投注能量，但在这种自我比喻中被投注的能量是力比多与兴趣的混合体。

此外，在导入自恋概念的过程中，弗洛伊德根据力比多是朝向自我还是朝向对象，定义了自我力比多与对象力比多，并对两者进行了区分。但另一方面，如果从目标的观点来对力比多进行概念化，就很难明确区分自我冲动与自我力比多这两个具有不同性质的概念。弗洛伊德在这一时期创造的许多概念都难以相互区分。

弗洛伊德在《自恋导论》三年前所撰写的《施瑞伯论》中展开的推论，展现了性冲动与自我冲动这一对立假说的破绽。弗洛伊德将施瑞伯所体验的"世界黄昏"（可见于精神病急性期的世界黄昏体验），解释为力比多从外部世界完全撤回而引发的事件。依据他的假设，这时力比多撤回自我，从而产生了夸大妄想。在这种情况下，撤回自我冲动的力比多与撤回自我的力比多之间有什么关系呢？

此外，自我冲动所投注的"兴趣"与性冲动所投注的"力比多"之间有什么关系呢？两者之间是否有重叠呢？虽然施瑞伯完全失去了外部世界，但如果自我仍保留着兴趣的投注，那么是否也保持着与外部现实的交流呢？对于这些逐渐冒出的疑问，弗洛伊德坦言道："我们既没有线索，也没有巧妙的处理技巧来回应这一问题。……以外的所有思考都是黑暗中心理过程的混沌，仅仅是理论上的建构，可能会根据情况而再次抛弃。"[6]

弗洛伊德意识到自己的冲动论内部存在矛盾，到1910年代中期，他几乎完成了自恋性神经症的构想。然而，他抱有一种危机感，因为即便是他自身所定义的冲动概念，也无法勾勒出清晰的轮廓或实质。如果用如此模糊且武断的术语来建构精神分析的理论，那么这座建筑物终究会崩塌。有必要为每个概念奠定基础，在坚实的基础上重新开始精神分析。怀着这样的初衷，弗洛伊德在1915年试图撰写《元心理学论》。然而，尽管他写成了12篇文章，但在推敲过程中放弃了7篇文章，而这一尝试最终也未能装订成册。[7]毋庸置疑的是，这本奇书对弗洛伊德的整体理论极为重要，即便在考虑以自恋性神经症为开端的弗洛伊德1910年代的步伐时，这也是一本不可回避的论文集。接下来，让我们追溯在这本论文集中弗洛伊德的思考步伐。

2　《元心理学论》的基石

《元心理学论》是弗洛伊德对之前工作的理论性总结。首先在前半部分，他从冲动论的观点，对本书第一部分所讨论的癔症患者与强迫性神经症患者的治疗经验，重新进行理论化。而在作为整体转折点的第三篇论文《无意识》中，他提出了元心理学记述这一新的方法论。在后半部分，他提出了精神分裂症、忧郁症等自恋性神经症的理论化构想。这本奇书旨在以元心理学的方法整理因自恋概念的导入而变得模糊不清的论点，并构想自恋性神经症这一新的领域，将其对立于转移神经症。《元心理学论》的核心是第一篇论文《冲动及其命运》、第三篇论文《无意识》和第五篇论文《哀悼与忧郁》，这三篇文章共同构成了弗洛伊德中期工作的基本架构。

在《冲动及其命运》中，弗洛伊德试图从生理学、生物学和心理学的观点，严密勾勒出精神分析的基本概念，即冲动。他将冲动视为心理与身体之间的边界概念，从推力、目的、对象和来源的观点对其进行了细致的分析。然而，他并没有将自我冲动与性冲动这两种原初冲动之间的对立作为一个不可或缺的必要前提，而只是将其作为一个辅助性假说，并写道："即使将其替换为其他东西，我们的记述与分类工作的结果仍大致相同"。弗洛伊德强调，这两种冲动不仅处于对立关系，还存在另一种关系，即性冲动依托于自我冲动，随后与之分离。性冲动不是通过自身来发现冲动的对象，而是沿着自我冲动所指示的道路发现了对象。这就是冲动的依托[8]机制，已在《性理论三篇》中有所论述，而弗洛伊德在这里再次强调了性冲动依托于自我冲动的关系。

这篇文章的重点在于，弗洛伊德所列举的冲动的四种命运（机制）："朝向对立物的反转"、"朝向自身的方向转换"、"压抑"和"升华"。他在这篇论文中讨论了前两种机制。"压抑"在第二篇论文有单独论述，而探讨"升华"的论文则不存在（可能被弗洛伊德舍弃了）。

弗洛伊德认为，"朝向对立物的反转"有两种类型，即"冲动从主动性到被动性的转换"与"内容反转"。我们在第一章讨论的情感反转（从爱情到厌恶的反转）就是"内容反转"的一个例子。而在第二章探讨的从施虐狂到受虐狂的转变，就是"冲动从主动性到被动性的转换"的例子。而"朝向自身的方向转换"的直接例子，则体现为自恋时性冲动所踏上的道路。如此一来，弗洛伊德在这篇文章中以凝缩的形式整理了迄今为止的临床经验。

在第二篇论文《压抑》中，弗洛伊德根据第一篇论文对冲动概念的定义，对他自 1890 年代以来就反复探讨的压抑进行了更加严密的概念化。弗洛伊德在这篇文章中明确指出，性冲动的满足（快感）是自我冲动的不快，这种对立关系是压抑发挥作用的条件。此外，这篇文章还阐明了冲动与无意识的关系。换言之，冲动与无意识之间没有直接的关系，而是通过冲动的表象代理与无意识发生关系。因此，压抑不是对冲动的压抑，而是对表象代理的压抑。在这篇文章的最后，弗洛伊德具体讨论了我们在第一部分探讨的"朵拉个案"、"鼠人个案"与"狼人个案"中压抑的个别机制，并对迄今为止的论述进行了理论性总结。

在第三篇论文《无意识》中，《元心理学论》突然转向了自恋性神经症理论。直到《无意识》一文的第六节，弗洛伊德一直试图对寄给弗利斯的信（1896 年 12 月 6 日）中所描述的构想，以及《释梦》第七章中所展开的精神装置理论（第一地形学），进行更加系统的理论化。这部分内容不在本章讨论的范围内。我们的重心在于第三篇论文的第七节中所展开的自恋性神经症理论。

弗洛伊德在第三篇论文《无意识》、第四篇论文《梦理论的元心理学补遗》、第五篇论文《哀悼与忧郁》中探讨的自恋性神经症，包括精神分裂症、痴呆症（急性幻觉性错乱）和忧郁症。这些疾病都有一个共通点，即朝向外部世界的力比多投注被撤回，从而丧失了现实。然而，关于被撤回的力比多朝向何处，以及现实的丧失有着怎样的形态，各种自恋性神经症则表现出不同的病理状态。

在精神分裂症那里，从对象撤回的力比多朝向自我。自我于是变得夸大，进而丧失了现实世界。在《无意识》这篇论文中，弗洛伊德主要关注的是精神分裂症患者试图从现实丧失中恢复的尝试。一般来说，对象表象的词表象与物表象相结合，但在精神分裂症中，由于朝向物表象的力比多投注被撤回，在恢复期中则会产生对词表象的过剩投注。因此，与词表象的关系优先于物表象，通过对词表象的过剩投注，现实以妄想的形式被构建。

而在痴呆症中，从对象撤回的力比多被用来引发地形学的退行。弗洛伊德在《释梦》第七章中构想了一种精神装置，在其中，知觉经由记忆组织和无意识而到达前意识。地形学的退行是指这一过程的逆行。换言之，前意识的表象朝向知觉，这一表象被体验为知觉（幻觉）。此外，在痴呆症中，自我中重要的现实检验机制不再起作用，因此无法区分外部知觉和起源于内部的表象，（满足欲望的）内部表象取代了现实世界。

在忧郁症的情况下，当被所爱对象侮辱或对其感到失望时，从对象撤回的力比多将用于自我与对象的认同。这种认同机制导致了自我的内部分裂，自我被分为认同对象的部分，以及批判对象的审级（良心）。这一机制在后来的《自我与本我》里弗洛伊德所论述的第二地形学的模型中占据着重要位置。自我发挥认同的作用并将对象摄入自身内部的描述，是在迄今为止的弗洛伊德理论中不存在的、崭新的对象概念。在忧郁症中，摄入对象后的自我内部产生了矛盾，这就像一道"敞开的伤口"，需要极高的对抗投注，因此自我变得贫乏。忧郁症之所以是一种严重的自恋性神经症，是因为从外界撤回的力比多已不再朝向外部。

《元心理学论》的草稿于 1915 年写成，前三篇文章于同年出版。两年后，《梦理论的元心理学补遗》和《哀悼与忧郁》陆续发表，剩下的文章则处于未完成的状态而被搁置。1919 年，弗洛伊德在写给露·安德烈亚斯·莎乐美*的信中坦言，将放弃剩下论文的出版。而且在这封信中，他写道自己正专注于《超越快乐原则》这一新的

---

* 露·安德烈亚斯·莎乐美（Lou Andreas-Salomé，1861—1937），俄罗斯精神分析家、作家。弗洛伊德的多年好友，也是追随弗洛伊德的第一批精神分析家，以及最早从精神分析的视角研究女性性欲的精神分析家之一。——译者注

文本。弗洛伊德已经放弃了作为《元心理学论》基石的性冲动与自我冲动的对立假说。取而代之的是以下构想：他将性冲动与自我冲动合称为生冲动，并与死冲动相对立，从而进行理论化。正如他自己所宣称的那样，在彻底运用这一假说之后，不需要它时便将之抛弃。关于之后的弗洛伊德步伐，我将在第三部分进行细致的研究。

《元心理学论》虽然是一本未完成的书籍，但关于自恋性神经症的阐明与论述已经全部完成，这也是当初的目的之一。在这里，让我们再次从现代临床的视角来重新审视弗洛伊德的自恋性神经症（精神病）理论。我们将讨论《元心理学论》前四年的"施瑞伯个案"，这一案例成为弗洛伊德构想自恋性神经症的契机。弗洛伊德在思索自恋性神经症时，重视的是"现实"的指标。而且，在《施瑞伯论》中占据核心的正是丧失"现实"的情况。另一方面，在1920年代，弗洛伊德则将"对现实的否认"作为精神病病理的核心，这也是"现实"丧失的一种形态。如果考虑到以下的事实，即在弗洛伊德的思索中，没有对这两种观点任择其一，而是直至其晚年都让两者共存，那么我们就可以认为弗洛伊德的精神病理论存在两个系列。在本章的最后，我将探讨这"两种精神病"的问题。

3 自恋性神经症

我们在第一部分论证道，倒错的问题系列是推动弗洛伊德思想步伐的力量。例如，在"朵拉个案"的考察中，正如"倒错是神经症的底片"这个定义一样，倒错在反向凸显朵拉的癔症症状的机制方面发挥了作用。此外，在"鼠人个案"与"狼人个案"中，（肛门）施虐狂与（肛门）受虐狂分别作为理论形成的辅助线而发挥作用。那么，在1910年代初的精神病（自恋性神经症）理论中，是什么驱动着弗洛伊德的思考呢？如前所述，其一是自恋性倒错，其二是同性恋。

弗洛伊德对同性恋问题展现出浓厚兴趣的时期是从 1909 年到 1911 年。[9] 在此期间，他撰写了《达·芬奇论》和《施瑞伯论》。这两部作品在方法论和内容上有着很高的相似性。在方法论上，这两部作品都是从传记和文献，而不是从分析经验的见解来建构理论。在内容上，两者都以自恋和同性恋为主题。然而，两者之间有着鲜明的对比：达·芬奇成功地升华了同性恋，而施瑞伯却在压抑同性恋上失败，并陷入了精神病。

《施瑞伯论》是弗洛伊德首次撰写的真正的自恋性神经症理论。弗洛伊德通过仔细阅读施瑞伯的《一名神经疾病患者的回忆录》（下文简称《回忆录》）而完成了这部著作。对于这一成果，弗洛伊德难得地表示"感到信服和满足"。这可能是因为通过撰写这本书，弗洛伊德的个人问题以及理论的课题得到了解决。换言之，弗洛伊德在分析与弗利斯和桑多尔·费伦齐*的关系中，发现了他自身的"同性恋感情"这一问题，并将自恋理解为力比多投注从对象的撤回，将妄想狂的机制视为投影。在解读《回忆录》时，这些构想就如同零散的齿轮部件，发出咔嗒的声音而嵌入运作。顺便一提，在撰写《施瑞伯论》的过程中，弗洛伊德在寄给费伦齐的一封信里写道："偏执狂患者失败的地方，我成功了。"[10]

然而，《施瑞伯论》并没有广受好评。弗洛伊德的同代人，也是当时最具影响力的精神科医师埃米尔·克雷佩林对此不屑一顾，并说道，"弗洛伊德认为偏执狂的原因在于同性恋的压抑，这种观点毫无依据，对这种理论进行研究是不会有结果的"。克雷佩林的批判是极为正当的，直至今日也获得了几乎大部分临床家的赞同。《施瑞伯论》的最大弱点，在于将偏执狂的原因视为同性恋的压抑这一原因论。而且，《施瑞伯论》在很长一段时间，无论是在精神医学

---

* 桑多尔·费伦齐（Sándor Ferenczi, 1873—1933），匈牙利神经学家、精神科医师、精神分析家，弗洛伊德的学生和亲密伙伴，并于 1913 年创办了匈牙利精神分析学会。著有《临床日记》等。——译者注

还是精神分析的领域，都没有得到认真探讨。例如，20世纪最伟大的精神分析家之一比昂经常参照弗洛伊德，却从未提及《施瑞伯论》，就反映了这一点。

着眼于弗洛伊德在《施瑞伯论》中的独创性，并在其发表40多年后试图重新阅读这篇文章的是拉康。拉康解读的卓越之处在于发现了精神病发病核心的"排除"这一特殊机制，并将施瑞伯的同性恋愿望视为发病过程中的二次产物，而不是偏执狂的原因。然而，拉康的解读终究是拉康理论视角下的"施瑞伯论"，仔细重读拉康的文本，并不能发现弗洛伊德思考的步伐，尤其是驱动其思考步伐的力量。拉康的理论终究是从他的经验中产生的独特创想，这与弗洛伊德的思考有着明显区别。

自恋与同性恋——如果没有这个初始的问题设定，这一精彩的论述就不可能成立。在此，我们将聚焦弗洛伊德的步伐，按顺序来追寻《施瑞伯论》中弗洛伊德的思考步伐。然而，如果深入探讨施瑞伯的各种精神病症状，论述就会变得冗杂，因此论点将仅限于弗洛伊德重点讨论的段落。然后，再对弗洛伊德的理论化表达我们的见解。

《施瑞伯论》是弗洛伊德从德累斯顿上诉法院院长丹尼尔·保罗·施瑞伯于1903年出版的《回忆录》，及其主治医师保罗·埃米尔·傅莱契的鉴定书等资料出发，试图对施瑞伯的精神病进行阐释的一个文本。施瑞伯是丹尼尔·戈德洛普·莫里茨·施瑞伯的次子，后者是《医学室内体操》的作者、著名的教育家兼整形外科医生。施瑞伯毕业于莱比锡法学院，36岁时结婚，没有子女。他的发病可分为三个时期。

首次发病是在42岁时，在帝国议会选举落选之后，他身心俱疲，并被诊断为"重度疑病症"，随后在莱比锡大学精神科的傅莱契教授的诊所住院半年。在住院期间，他曾两次自杀未遂，后来几乎完全康复。出院后，他对傅莱契充满感激之情，此后8年期间，除了"被赐予孩子的希望数次落空"，他基本上过着平稳的生活。

第二次发病是《回忆录》的核心情节。第二次发病始于51岁。那时，施瑞伯收到了晋升为萨克森州上诉法院院长的消息。某天黎明时分，施瑞伯产生了一个念头，即"如果我是女人，被动地接受性交，那一定很美妙"，但他愤怒地否定了这个观念。后来，他因严重失眠和疑病症的症状而再次入住傅莱契的诊所。这时，他的迫害妄想加剧，并出现了各种幻觉妄想症状。以幻听、思想插入为首，还出现了迫害妄想，其中包括傅莱契通过"神经接触"使他"去男性化"，并对他进行性虐待。大约4个月后，施瑞伯被转到索南斯坦精神病院，不久后，他感到整个太阳系发生了深刻的变化，并认为世界已经沉陷。他确信一切都在消亡，而他是唯一残存的"真正的人类"，周围的只不过是"由奇迹所粗制滥造的人们"。

在索南斯坦精神病院入住期间，存在复数的迫害者，从傅莱契分裂为傅莱契和上帝，"上层的傅莱契"和"中层的傅莱契"。关于上帝，也被分解为"天堂的前院"和"天堂的后院"，后者进一步分为"下层的恶神"和"上层的善神"。而在他53岁的晚秋时，发展出以下夸大妄想，即在他身上发生了"去男性化"的奇迹，而他作为"神的女人"产出了"从施瑞伯的精神中诞生的人类"，并创造出新的世界秩序。这种使命感促使他执笔写作《回忆录》。

关于《回忆录》出版后的经过，弗洛伊德在《施瑞伯论》中没有详细论述，但这对于思考施瑞伯的病理具有重要意义，因此让我简单介绍一下。出院后，施瑞伯收养了一个女儿，与妻子三人过着平稳的家庭生活。然而，在他65岁那年，母亲去世加之妻子脑中风发作，他因失眠和焦虑而第三次入院。这时出现了"没有胃部""没有肠子"的否定妄想以及自杀企图。此外，人格荒废的程度也在急速加剧。偶然的是，在弗洛伊德写完《施瑞伯论》的数个月后，施瑞伯因扁桃体炎而导致全身衰竭，最终病逝。

　　弗洛伊德将施瑞伯诊断为偏执狂。[11]换言之，对弗洛伊德来说，施瑞伯是典型的自恋性神经症患者（按照今天的诊断，则是妄想型精神分裂症）。然而，弗洛伊德分析过的许多患者，如《癔症研究》中的患者、"鼠人"和"狼人"[12]等，都呈现出极其罕见的症状和非典型的疾病现象。从现代的观点来看，每个案例的诊断都存在分歧。甚至连施瑞伯也被科隆大学的精神病理学家乌维·亨利克·彼得斯诊断为位于情感性精神病系列的焦虑－至福精神病，或被诊断为在医院内以镇静为目的而被频繁使用的溴中毒性精神病。[13]尽管这种诊断上的怀疑主要是源于新材料的发现以及如今占据主流的操作性诊断的影响，但将施瑞伯视为妄想型精神分裂症，在今天仍是非常妥当的见解。

　　如前所述，弗洛伊德认为《回忆录》是呈现自恋性神经症机制的绝佳素材。弗洛伊德从四种观点来继时地理解偏执狂[14]这种自恋性神经症的发病与过程：（1）力比多从对象上撤回、（2）作为自我障碍的精神病、（3）重构世界的妄想、（4）自恋性神经症的身体。在此，我们将依次从这四种观点来探讨施瑞伯的病理。

　　（1）如前所述，弗洛伊德认为偏执狂是一种由次级自恋引发的疾病。当力比多从对象上撤离时，由各种对象构成的世界就没落了，变得自由的力比多将产生独特的紧张感。这就是将世界黄昏体验视为精神病发作的大胆假说。弗洛伊德的力比多概念通常被认为是比喻性的，但在这里他将力比多视为构成各种对象的能量。而且，从对象撤离并获得自由的力比多最终会朝向自我。力比多的高涨会引起不快，因此精神病的发病状态是充满紧张的不快状态。

　　弗洛伊德在这里提出了一个问题：在偏执狂中，从对象撤离的力比多（撤回的力比多）是全面的还是部分的。这个问题源于以下临床事实：在施瑞伯那里，对傅莱契的迫害妄想（被压抑物的回归）

出现在世界黄昏体验之前。对此，弗洛伊德从对《回忆录》的解读中推测道，既有部分的、从个别情结的力比多撤离，也有全面的力比多撤离。换言之，在偏执狂中，通向对象的道路有时封闭，有时部分畅通。这是在偏执狂中关于自我与对象之间的关系的重要观点。

（2）接下来，从对象撤离的力比多朝向自我。然后，过剩流入自我的力比多破坏了自我功能，于是自我丧失了现实检验能力。对弗洛伊德来说，偏执狂是基本的自我障碍。

弗洛伊德在这里呈现了一个疑问。即使过剩的（性的）力比多流入自我，如果（非性的）自我冲动对外部世界投注"兴趣"，那么自我是否与外部世界持续保持着交流呢？这是弗洛伊德在维持性冲动与自我冲动的二元论时产生的疑问。然而，如前所述，在这一时期弗洛伊德的冲动理论无法解决撤回至自我的性力比多与非性的自我冲动之间具有怎样关系的问题。

弗洛伊德着眼于施瑞伯的偏执狂中伴随着规律性的疑病症状这一临床现象，并将对疑病症与偏执狂之间的关系的考察作为解决这个问题的线索。弗洛伊德在《自恋导论》中，认为真性神经症的疑病症是由自我冲动（自我力比多）的郁积而导致的不快。疑病症是来源于自我冲动的现象，其不同于对象力比多带来的焦虑。另一方面，偏执狂是由于（性）力比多撤回至自我而产生的精神病。换言之，偏执狂是一种源于性冲动（不是自我冲动）的现象。在施瑞伯那里，两者是并存的。弗洛伊德认为，如果能阐明在施瑞伯的内部世界中这两者之间的关系，就能回答先前的问题。然而，他对于这种临床现象也无法给出明晰的解答。因此，他在脚注中写道："我首次认为偏执狂理论是值得信赖的，因为它成功地将疑病症的伴随症状纳入了关联之中"[15]，并将其作为未来的课题。

（3）由于力比多的过剩投注，自我功能失灵，从而丧失了外部世界。然而，自我不能放弃生命，并试图以妄想的形式重新获取与外界的联系。妄想的形成就是偏执狂患者试图恢复和重建世界的过程。这是弗洛伊德的慧眼所在。而且，在这种妄想形成的过程中，偏执狂患者的无意识不是像神经症患者那样被伪装起来，而是暴露在光天化日之下。在前述的《元心理学论》的《无意识》论文（《施瑞伯论》四年后的文章）中，弗洛伊德重点考察的不是精神病的发病过程，而是其恢复过程，因为在患者的恢复过程中能够轻易地读取无意识。此外，弗洛伊德强调，在精神分裂症患者那里，语言关联比事物关联更加重要，这一观点延续了《施瑞伯论》中的考察。

在《施瑞伯论》中，施瑞伯的妄想内容根据语言形态的语法结构而发生改变。弗洛伊德列举了偏执狂的妄想从"我爱他"这一（同性恋感情的）共通命题，转变为迫害妄想、钟情妄想、嫉妒妄想和夸大妄想，而在《施瑞伯论》中重要的是迫害妄想。对施瑞伯来说，"我爱他（傅莱契）"是一个应该被否定的命题。因此，这一命题转变为"我不爱他——我恨他"。最终，内在情感被压抑，并投射到外部知觉上，"他恨（迫害）我，因此我恨他是理所当然的"。施瑞伯对傅莱契的同性恋感情经由这种形式而转变为迫害妄想。

如前所述，随着迫害妄想的发展，傅莱契分离为"上帝"、"上层的傅莱契"和"中层的傅莱契"，而"上帝"的世界被分解为"天堂的前院"，以及"天堂的后院"中"上层的善神"和"下层的恶神"。在癔症中，无意识的素材被压缩并作为象征发挥功能；而在偏执狂中，象征功能失效，素材被再次分解。弗洛伊德将其简洁地表达为"偏执狂分解，癔症压缩"。

施瑞伯与迫害妄想的斗争最终演变为夸大妄想，即"施瑞伯变成了上帝的女人，并重新创造了没落的世界"。这时的自我障碍非常显著，已经丧失了现实。施瑞伯正沉浸在妄想世界中，孕育着"神圣的光线"，并盼望新人类的诞生。弗洛伊德从施瑞伯的"神的光线"中，读取出力比多投注撤回自我的直接表现。他还将施瑞伯头上的"小人儿"解释为"源于孩子与精子的压缩现象"。

施瑞伯的妄想也包含了自己分娩孩子的主题。如前所述，他长期苦恼于无法生育。在神经症患者那里，这是作为一种幻想被讲述的（事实上，在我接诊的一个男性癔症案例中，他深受不育症的困扰，并在一次发作后忘记了所有的生活史。在恢复过程中，他诉说了从自己的大脑生出孩子的幻想[16]）。另一方面，在施瑞伯那里则形成了愿望满足式的妄想，即他作为"上帝的女人"通过"神圣的光线"受孕，从而诞生出"小人儿"。

（4）在精神病中，从对象撤离并朝向自我的大量力比多显著改变了身体感觉。这是理所应当的，因为自我的形成与身体形象相连。如本章开头所述，为混沌的冲动之流"赋予形式"的是初级自恋，个体通过接受初级自恋的投注，形成了原初的自我。关于自我的形成将在下一章详细论述，其本质上是源于知觉的心理内部形成物，首先是一种发挥现实检验和约束力比多之流功能的机构。由于大量的力比多流入自我，郁积着力比多的自我退行至更早期的自我发展阶段。在偏执狂的情况下，已经发展到对象爱阶段的自我退行至自恋的阶段，自我变得脆弱并丧失了现实检验的功能。为了弥补现实的丧失，在偏执狂那里就形成了妄想，其中语言关联优先于事物关联。语言本身所具有的统御力比多的机制，以及妄想的现实补偿功能，稳定了偏执狂中人格的崩解。

然而，在精神分裂症中，退行进行到自恋阶段以前，即自我形成以前的阶段。这里不再有自我对力比多的约束，也没有通过语言来恢复现实的尝试。精神分裂症患者的身体变成了力比多的旋涡，朝向身体（自我）的过度力比多投注带来了不快，甚至是充满痛苦的享乐。精神分裂症这种身体内自闭享乐的病理，可以说与受虐狂有着奇妙的亲和性，后者是另一种形式的自我封闭的享乐技术。关于这一点，我将在第六章再次讨论。

4　两种精神病理论

对 1910 年代的弗洛伊德来说，精神病（自恋性神经症）是由次级自恋引发的自我障碍。从对象撤离的力比多导致自我障碍，自我丧失了现实检验的功能，而妄想则作为现实的补偿而出现。由于自我无法对现实对象（治疗者）投注力比多，转移无法成立。因此，自恋性神经症不同于转移神经症，就前者而言，分析治疗是不可能的。《施瑞伯论》就是在这种理论背景下被书写的。这是从自恋的问题设定中诞生的精神病理论。然而，弗洛伊德的理论中存在着一种与自恋无直接关联的精神病理论的萌芽。这就是以下将讨论的"另一种"精神病理论。

弗洛伊德在写完《施瑞伯论》之后，逐渐不再提及精神病。这大概是因为他在与荣格诀别后，与精神病院中实际会诊精神病患者的精神科医生之间的交流变得贫乏。另一个原因是，在第一次世界大战之后，他开始致力于精神分析家的培养。精神分析的技术论与《元心理学论》几乎在同一时期完成，并得出了理论性的"结论"，即不能发生转移的自恋性神经症在精神分析的适用范围之外。然而，弗洛伊德的思考逐渐偏离了这个"结论"。

在《施瑞伯论》出版十多年后的 1924 年，弗洛伊德撰写了两篇短文，即《神经症与精神病》和《神经症与精神病中的现实丧失》。弗洛伊德在这一时期已经完成了第二地形学。从第二地形学的观点来看，弗洛伊德简洁地整理道："神经症产生于自我与本我的矛盾，而精神病则产生于自我与外界的矛盾。"[17] 而且，"神经症并不否认现实，只是不愿意去了解现实；而精神病则否认现实，并试图代替现实"[18]。在这两个文本中，弗洛伊德并没有试图从自恋的冲动机制来讨论精神病。那么，他是从怎样的观点来思考精神病的呢？

关于精神病中的现实丧失这一点，这两个文本与《施瑞伯论》

之间没有差异。然而，在这两个文本中，弗洛伊德没有将精神病视为由次级自恋所导致的疾病，而认为其是由对现实知觉的否认所引起的疾病。例如，弗洛伊德列举了《癔症研究》中伊丽莎白·冯·R. 的案例。她爱着自己的姐夫，当她在姐姐临终的床前浮现了"我能够与他结婚"的想法时，便产生了癔症性疼痛。弗洛伊德认为，在癔症中对姐夫的爱情受到压抑，并通过症状来无效化现实的变化，如果是精神病的话，则会否认姐姐死亡的事实。精神病机制的重心在于对现实知觉的否认。此外，弗洛伊德也关注在精神病中，人们会试图使用回忆痕迹、表象、判断等迄今为止与现实之间产生的心理沉淀物，来（以幻觉的方式）改变现实。精神病患者"不是改造自己（autoplastisch），而是改造世界（alloplastisch）"的人。[19]

在这两篇文章中提出的观点，在三年后的《恋物癖论》中以更激进的形式被论述。恋物癖是对女性（母亲）的阳具缺失的否认。恋物癖者知道女性没有阴茎，却否认这一知觉的现实。然后，他以自己特殊的恋物癖取而代之。恋物癖是对阉割恐惧的一种防御装置。在否认知觉的现实并创造出另一个现实这一点上，弗洛伊德承认恋物癖与精神病拥有相同的机制。我们在前面的章节导出了两个系列，即癔症—两性特质—阉割情结—恋物癖这种以阳具为中心的系列，以及强迫性神经症—肛门施虐期的退行—冲动的主动性与被动性—施虐狂与受虐狂这种以冲动为起点的系列。而在《施瑞伯论》之后逐渐形成的精神病理论，就是在前者的倒错影响下被理论化的。由此可以得出以下结论。弗洛伊德的精神病理论可以分为两类：一类是由《施瑞伯论》所代表的以自恋倒错为起点而构想的精神病理论；另一类是以恋物癖倒错为起点的精神病理论。而后者的精神病理论，则在最晚年的遗稿《防御过程中的自我分析》和《精神分析大纲》第八章中显现其轮廓。

如前所述，自我通过否认阉割的知觉而保护了自己。然而，这一否认对自我来说并非是无害的。这一否认会导致自我分裂（Ichspaltung）。由于自我分裂，自我对现实将采取两种"分裂的"心理态度。弗洛伊德在此列举了一个偏执狂的例子，并报告说，在这个患者的心理世界中，存在"被妄想支配的部分"与"没有被妄想支配的部分"，而妄想则被"没有被妄想支配的部分"所订正。一般来说，自我分裂会产生两种心理态度：一种是"考虑现实的正常态度"；另一种是"在冲动的影响下，自我从现实分离的态度"。这两种态度平行存在，疾病的情况取决于两者的相对强度。如果后者更强，精神病的心性就会变得显著；如果前者更强，精神病的心性就会消失。

弗洛伊德在这里提出了一个重要的观点，"如果自我完全脱离于现实，那么精神病就是一个单纯易懂的问题。但这种情况很少发生，或许根本不会发生"[20]。鉴于弗洛伊德在《施瑞伯论》中认为自我完全从现实分离，这是立场的重大变更。弗洛伊德认为，所有精神病中都存在自我分裂。如此一来，精神病中也会留存"考虑现实的正常态度"。在《施瑞伯论》中，理论性结论是分析治疗不适用于精神病。然而，从这种精神病理论中可以导出以下结论，即通过处理精神病中"正常的部分"，分析治疗是可能的。[21]

讨论这两种精神病理论的困难在于，"从对象撤离的力比多朝向自我"这一情况中的自我，与"自我分裂"中所讨论的自我在严格意义上不是同一个自我。前者的自我是作为精神装置的自我，它约束能量并使自我得以成立，而后者的自我则是作为人格的自我。弗洛伊德的自我概念在1910年代和1920年代经历了巨大变迁。我们经常认为，弗洛伊德的自我概念是不言自明的，但在其理论中，没有比自我概念更多义且更难理解的了。下一章将再次探讨弗洛伊德的自我概念。

注 释

1　弗洛伊德在《自恋导论》中认为保罗·内克是这一术语的提倡者，但后来更正说哈维洛克·艾利斯才是最初使用这一概念的人（《性理论三篇》，1915 年的补记）。

2　彼得·盖伊的《弗洛伊德传》第七章详细描述了这方面的情况。

3　Sigmund Freud, „Formulierungen über die zwei Prinzipien des psychischen Geschehens", GW-V, S. 232. 比昂依照这种母子关系模型构建了自己的精神分析理论。

4　Freud, *Vorlesungen zur Einführung in die Psychoanalyse*, GW-XI, S. 430-431.

5　Freud, „Zur Einführung des Narzißmus", GW-X, S. 145.

6　Sigmund Freud, „Psychoanalytische bemerkungen über einen autobiographisch beschriebenen Fall von Paranoia （Dementia paranoides）", GW-VIII, S. 311.

7　有关这一过程的更多信息，可参考拙译《元心理学论》（讲谈社学术文库，2008 年）中的"译者解说"。

8　弗洛伊德经常从日常用语中创造精神分析术语。Anlehnung（依托）就是这样一个术语，但弗洛伊德赋予其的理论内涵并没有得到很好的理解。将这个词翻译为 étayage 的专业术语，并指出这个术语在弗洛伊德的冲动论中具有重大意义的，正是法国精神分析家让·拉普朗什。

9　莱昂内尔·勒·科雷调查了"同性恋"一词在弗洛伊德的著作与信件中出现的频率，并将 1907—1914 年命名为"弗洛伊德的同性恋期"。其高峰期是 1910 年（Lionel Le Corre, *L'homosexualité de Freud*, PUF, 2017）。

10　准确的是 1910 年 10 月 6 日。Sigmund Freud-Sándor Ferenczi, *Briefwechsel*, Bd1/1, 1909-1911, Böhlau, 1993.

11　从 19 世纪末到 20 世纪初，偏执狂是在德国精神病学中占据重要地位的一个疾病类别，在弗洛伊德的时代，精神病院中 70% 的患者被诊断为偏执狂。弗洛伊德也承认偏执狂是一个独立的疾病单位，并将其区分于妄想痴呆（克雷佩林的"早发性痴呆"和布鲁勒的"精神分裂症"的总称）。但在《施瑞伯论》的三年后，弗洛伊德扩展了妄想痴呆的概念，并将偏执狂加入其中。

12　克莱因派的罗森菲尔德将"狼人"在完成与弗洛伊德的分析后发作的与皮肤相关的偏执状态诊断为"转移精神病"。

13　Peters, U. H., „Daniel Paul Schrebers, des Senatspräsidenten Krankheit", Fortschritte der Neurologie-Pschiatrie, vol. 63, S. 469-479, Thieme, Stuttgart, 1995.

14　如本章尾注 11 所述，弗洛伊德的偏执狂概念在不同文本中有所不同。在这里术语并没有统一，各文本中的术语均逐字使用。弗洛伊德的自恋性神经症包括忧郁症、幻觉性精神病、偏执狂和精神分裂症（早发性痴呆），后两者相当于今天的精神分裂症。

15　Freud, „Psychoanalytische bemerkungen über einen autobiographisch beschriebenen Fall von Paranoia（Dementia paranoides）", GWVIII, S. 29.

16　这个幻想让人想起雅典娜从宙斯的头颅中诞生的神话。

17　Sigmund Freud, „ Neurose und Psychose", GW-XIII, S. 387.

18　Sigmund Freud, „ Der Realitätsverlust bei Neurose und Psychose", GW-XIII, S. 365.

19　Ibid., S. 366.

20　Freud, „Abriß der Psychoanalyse", GW-XVII, S. 132.

21　梅兰妮·克莱因继承了弗洛伊德源于自我分裂的精神病理论，并从客体关系论的角度建构了精神病的治疗理论。弗洛伊德的自我分裂是一个被动的过程，而克莱因的"分裂"则是一个主动的过程。而且，克莱因还从自我分裂的观点重新解释了"施瑞伯个案"（'Notes on some schizoid mechanisms', Int. J. Pscho-Anal, 27: 99-110, 1946）。

第四章

自己装置

> 自我首先是身体——自我，它不仅是表面的存在，也是表面的投影。
>
> ——《自我与本我》（1923）

自我（Ich=我）是在德语的日常会话中频繁使用的词语，弗洛伊德将其用于自己的理论记述，但自此以后，这个词语被用于多种语境。在整个 1910 年代与 1920 年代，弗洛伊德从不同的角度重新定义了这一精神分析固有的概念。在前面的章节中，我们讨论了初级自恋形成原初的自我。然而，在那里所涉及的是《自恋导论》时期的自我概念。这既不同于《科学心理学大纲》时期的自我概念，也不同于《自我与本我》（1923）中作为集大成的自我概念。弗洛伊德的自我是复杂且孕育着矛盾的概念，很难将其作为统一的概念来把握。让·拉普朗什*和吉恩－伯特兰·彭塔利斯**的《精神分析词汇》是一本广受好评的精神分析词典，其中自我词条所占的篇幅最多，这一点清楚表明了这种情况。在《自我与本我》中，超我的概念首

---

* 让·拉普朗什（Jean Laplanche，1924—2012），法国作家、精神分析家，因对精神性欲发展和弗洛伊德诱惑理论的研究而闻名。著有《精神分析中的生与死》《精神分析词汇》《精神分析的新基础》《荷尔德林与父亲的问题》等。——译者注

** 吉恩－伯特兰·彭塔利斯（Jean-Bernard Pontalis，1924—2013），法国哲学家、作家、编辑和精神分析家。与拉普朗什合著了具有深远影响的《精神分析词汇》和《精神分析的语言》。——译者注

次作为从自我派生出来的审级而被运用。这完善了弗洛伊德的自己论[1]，本我—自我—超我所构成的第二地形学，取代了无意识—前意识—意识所构成的第一地形学。目前可以总结道，超我是自我的一个部分，自我从本我中产生超我，但超我也是一个错综复杂的概念。弗洛伊德自身也强调了超我"谜一样的性格"，并在《自我与本我》之后撰写的短文《论幽默》中说道，"关于超我的本质，仍有许多需要学习的东西"[2]。在弗洛伊德的构想中有几个未完成的概念，超我就是其中非常重要的概念之一。

第二部分的讨论将限定于弗洛伊德 1910 年代的步伐，但由于自我是在 1920 年代构建第二地形学时提炼出的概念，因此我们的讨论自然也必须包括 1920 年的"转向"。首先，本章将从两种观点来重新理解弗洛伊德以自我为核心而创建的自己论。前半部分将探讨自我概念的生成过程，这也是前面章节的课题。自我在形成过程中留存他者的印记。弗洛伊德将自我通过认同他者而产生的变化称作"自我变容"（Ichveränderung），我们将着眼于"自我变容"这一概念，以凸显弗洛伊德的自己论中的重要侧面。

另一观点是超我与现实的关系。在弗洛伊德的第二地形学中，自我能够对外界或现实加以考虑，是具有判断功能的审级。而本我和超我，与其说是与外部现实，不如说是与愿望和幻想、理想和道德等内在的（心理）现实相关的审级。自己不只与外界和现实相关，也与对生物来说多余的内在（心理）现实相关。人类生活在与其他生物不同的条件之下，正是由于持有超我这一审级，人类以一种与其他生物截然不同的形式，同现实相关并生活着。如此一来，超我这一审级是如何规定人类的生存条件，进而赋予人类何种可能性的呢？本章的后半部分将对这一问题展开讨论。

1　自我的生成

自我是精神分析理论的出发点，因此如何定义自我是一个决定理论走向的重要问题。然而，如最初所述，弗洛伊德的自我概念是极其多义的，根据不同时期聚焦于不同的侧面，对自我的理解也会有所不同。以安娜·弗洛伊德[*]为首的自我心理学家主要关注自我的防御功能和适应功能，并汲取了弗洛伊德后期的自我概念的一部分，将其作为理论的基石。

此外，拉康也在"回到弗洛伊德"的基础上，建构了自己的自我理论。在拉康看来，自我不过是主体在镜像阶段，通过以自我异化的形式对映照在镜子里的身体形象进行认同而形成的实体。这种自我理解是拉康在参照亨利·瓦隆[**]的发展理论和黑格尔哲学的同时，对《自恋导论》时期的弗洛伊德进行的重新阐释。在这种解释中，拉康将无意识的"主体"与自我区分开来，并将自我视为附随于"主体"的次要部分。

雅各布·罗戈津斯基[***]将这种常见于拉康派精神分析，且构成现代西方哲学潮流的主体特权化，批判为"对自我的谋杀"[3]。据罗戈津斯基所言，拉康的思想缺乏对支撑身体形象认同的身体运动的关注，也缺乏对自我生成的过程中触觉性契机的关注。此外，自我终究是以依附于他者的自我异化的形式出现，其中不存在自我以内在的形式将自己交与自身的想法。就此而言，拉康的自我理论并不忠

---

[*]　安娜·弗洛伊德（Anna Freud，1895—1982），奥地利籍犹太裔精神分析家，弗洛伊德的第6个，也是最年幼的孩子。为自我心理学和儿童心理学的建立和发展做出了重大贡献。著有《自我与防御机制》《精神分析中的孩童》《童年中的正常与病理》等。——译者注

[**]　亨利·瓦隆（Henri Wallon，1879—1962），法国哲学家、心理学家、神经精神病学家。因对儿童发展理论的研究而闻名于世，也在法国及海外的精神分析学界颇具影响力。其比较人类儿童与动物的镜前反应行为的"镜子试验"，后来被拉康借鉴并用于构建"镜子阶段"的理论。——译者注

[***]　雅各布·罗戈津斯基（Jacob Rogozinski，1953—　），法国哲学家。主要研究领域为福柯哲学、康德哲学、现象学。著有《自我与肉体：自我分析导论》《礼物与法律》等。——译者注

实于弗洛伊德。罗戈津斯基提倡道，为了正确评价弗洛伊德的走向，有必要重新将自我置于精神分析的核心。他将其称作"自我分析"，并指出这一尝试将为身体运动和节奏的重要性，从身体的触觉性知觉产生的"身体－自我"等带来新的意义。

罗戈津斯基的自我分析是一种哲学性尝试，很难在其中发现具体的临床视角。然而，对弗洛伊德的自我概念所具有的广度进行评估这一论点，也可以成为现代临床家的参考。在此，我们将再次探讨弗洛伊德的自我概念，并将其分为以下三个时期。弗洛伊德的自我概念最初泛指人格的整体，但在《科学心理学大纲》时期，自我被定义为单独的概念。然后，在《自恋导论》时期，则形成了一个与初期截然不同的新的自我概念。最后，弗洛伊德从《哀悼与忧郁》中提出的"对失去对象的认同"这一观点出发来构建自我概念。这种自我概念也在《自我与本我》中一直延续。让我们依次来看各个时期的自我概念。

那么，《科学心理学大纲》中的自我概念是什么呢？在《科学心理学大纲》中，弗洛伊德首次阐明了自我概念。他试图以神经元及其兴奋量这一神经学能量论的假说为基础来理解人类的所有心理现象。在这个模型中，他假设了神经元由 ϕ（可穿透性）、ψ（不可穿透性）和 ω（知觉－意识）三部分组成，兴奋量的流动由神经元通达的程度所决定。这是在序章中所述的初期弗洛伊德的方法，即依据神经心理学模型的方法。

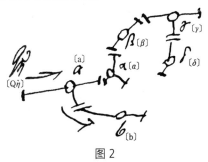

图2

在这一模型中，弗洛伊德将自我定义为"被投注能量且相互通达的神经元网络"。他设想的自我如图 2 所示。[4]$Qń$（兴奋量）试图从外部入侵 a，并流向 b。然而，受到流向自我组织（a–α）的能量影响，流向 b 的能量被阻碍。如此一来，自我便具有抑制兴奋量（能量）的功能。

拉普朗什试图从生命活动的维度来解读弗洛伊德，他认为《科学心理学大纲》中的自我是使作为个体的生命活动成为可能的砝码。[5]据拉普朗什所言，生命是一种生成，进而消亡的流动，自我在这种流动中产生了能量论的沉淀。换言之，自我是神经元网络中一个被投注较高能量的组织，这一高能量组织作为砝码，约束并稳定着自由狂乱的生命能量的循环。如果没有自我，自己只能被生命的洪流所吞没，并消失殆尽。

此外，作为引入这种自我的生物学必要条件，弗洛伊德强调了外部现实与内部现实的区别。外部现实即外部知觉。那么，内部现实是什么呢？让我逐一说明。弗洛伊德认为，孩子在无法满足自己需求的原初性"无助"（Hilflosigkeit）的条件下出生于世。孩子从诞生开始，就需要他者(母亲)，并通过他者的"特殊行为"（spezifische Aktion）来获得满足体验。孩子的心理世界就是基于这种满足体验而被构建的。当新的需求再次产生时，这种满足体验会激活过去的满足体验的记忆痕迹，并产生与知觉具有同等强度的幻觉。这时，自我将区别幻觉与外部的知觉，抑制起源于内部的伪现实（幻觉）。这种抑制功能使区分外部现实与内部现实成为可能。这就是弗洛伊德所说的现实检验功能。现实检验并非一种对于现实的接近，而是将起源于内部兴奋的伪现实与外部现实进行瞬时区分的功能。

如果说《科学心理学大纲》中的自我是抑制兴奋量的机构，其核心功能是现实检验，那么《自恋导论》时期的自我概念在性质上则与此截然不同。这一时期是从冲动论的观点来讨论自我的起源与发展。在前一章中，我们论述道，最初存在的是混沌的自体情欲冲动，初级自恋的机制对其"赋予形式"，从而诞生了自我这一心理功能。在《自恋导论》中，以下这段话以凝缩的形式定义了自我概念。

我们有必要假设，在个体的内部并非从一开始就存在能够与自我匹敌的统一体。自我是在发展之后才形成的。而相对于此，自体情欲的冲动从一开始就存在。因此，为了形成自恋，就必须在自体情欲的基础上添加一些东西，即一些新的心理作用。[6]

《科学心理学大纲》中的自我使个体的生存成为可能，并"从一开始"就存在。然而，这里的自我是在发展之后才形成的。这种"早期的"自我形成是一个有些神秘的过程。关于这一点，由于《自恋导论》中没有做更多的阐释，那就让我们参考《自恋导论》前后的文本，以便进一步勾勒其轮廓。

在《自恋导论》的前一篇文章《论心理功能的两条原则》（1911）中，弗洛伊德没有阐明自恋概念的定义，而是区分了追逐快感的快乐自我与考虑现实的现实自我。在这篇文章的注释中，关于《科学心理学大纲》的原初他者（母亲）的段落如下[7]："原初他者的照顾能够让婴儿体验幻觉性的满足。然而，这种满足不会永远持续。因此，精神装置放弃了通过幻觉来获取满足的尝试，决定表象现实的实际状况，并以改造现实为目标。如此一来，精神装置不再只是表象快感，而是尽量表象现实，无论它多么令人不快。"弗洛伊德将此命名为现实原则。

在《自恋导论》之后撰写的《冲动及其命运》（1915）中，弗洛伊德再次讨论了与自恋相关的快乐自我和现实自我。自恋阶段中占优势的自我是快乐自我。在"早期"的发展阶段中，通过自我保存冲动所追溯的各种经验，自我从外界获取对象，但自我会在感到愉悦时接受这些对象，并将引起不快的对象驱逐出自我。在这一文本中，其记述的方向与《论心理功能的两条原则》相反，即关注点从最初通过客观的感知区分外界与内界的"最初的现实自我"，转变成优先考虑快感特性的快乐自我。顺便一提，这篇文章也包含了关于原初他者（母亲）的记述，其中指出，他者的照顾人为地延长了处于"无助"状态的婴儿的自恋阶段，并阻碍了婴儿的现实自我的发展。[8]

关于"早期的"自我发展的论述可归纳如下。自我是在自体情欲之上添加自恋而形成的。在这一过程中，自我不是作为一个单一的实体而发展，而是作为快乐自我与现实自我的融合体而发展（快乐自我的起源在于性冲动，现实自我的起源在于自我保存冲动）。这一发展过程不是通过自我独自的机制来进行的，而是涉及他者。这个他者可能以现实自我占主导地位的形式参与自我的构成，也可能以快乐自我占主导地位的形式阻碍自我的发展。这种弗洛伊德的自我概念，即自我是快乐自我与现实自我的编成体，增大现实自我的部分就是自我的成长过程，被以比昂为首的现代精神分析家广泛接纳。

2　认同与自我变容

弗洛伊德的自我概念从1910年代到1920年代经历了巨大转变。这就是先前所说的从《哀悼与忧郁》到《自我与本我》的自我概念。这一自我概念的基础机制是在《哀悼与忧郁》中"对象选择被认同所置换"的机制。前面的章节稍微提及了忧郁症，但这一机制对理解弗洛伊德的自我概念来说非常重要，因此让我再次做一些简要陈述。

在《哀悼与忧郁》中，弗洛伊德注意到忧郁症患者所展现的强烈自责的语言。这种批判很少对应于患者的人格，而批判的特征更多对应于患者所爱的人、曾经爱过的人，以及试图去爱却无法爱的人。当妻子说"我为你感到惋惜，娶了一个像我这样糟糕的女人"时，她实际上是在指责自己的丈夫。弗洛伊德指出，谴责自我的语言原本是针对所爱的对象，而将责难的方向转向自己的，就是忧郁症患者的自我非难。

从患者身上观察到的事实出发，弗洛伊德对忧郁症的发病机制建立了以下假说。患者在其一生中会做出各种各样的对象选择。而且，有时会将力比多固着于特定的人物。然而，如果受到所爱之人的侮辱或对其感到失望时，与所爱对象的关系就会发生动摇。在通常情况下，力比多会转向其他的对象，但在忧郁症中，力比多会折返自我（次级自恋）。而且，这一折返自我的力比多会被用于自我与被放弃对象的同一化。换言之，对象选择被认同所置换。自己对对象的憎恨将转向与对象进行认同的自我，斥责并折磨自我。

弗洛伊德在分析忧郁症患者时发现的这一机制，在《自我与本我》中具有重大意义，因为其在自我的形成过程中发挥着决定性作用。在"1920年的转向"之后，"这篇文章（《自我与本我》）以一种振奋人心的新动力，延续着以《超越快乐原则》为开端的思想步伐"[9]。在《自我与本我》的第一节和第二节中，有几页专门讨论自我在第一地形学（无意识—前意识—意识）中的位置问题。自我是本我的一部分，本我受到外界的影响而发生变化，因此自我横跨无意识、前意识和意识的所有领域。弗洛伊德在《自我与本我》中对自我的定义如下：自我的核心是意识和前意识（而且，自我的大部分是无意识），其最重要的功能是基于现实检验的功能，对本我与外界进行调停。

在第三节中，当讨论作为自我的一部分的超我时，弗洛伊德再次敦促人们关注忧郁症患者中对象选择被认同所置换的机制。他写道，"与此同时，我们还没有看穿这一过程所具有的全部意义，也不了解它是多么频繁且典型"，然后指出，正是这一机制在很大程度上与自我的形成相关联，并对通常所说的性格塑造发挥强大作用。这里所说的性格是"曾经被放弃的对象投注的沉淀"，自我中"印刻着对象选择的历史"。然后，弗洛伊德将这一机制所产生的自我变化命名为"自我变容"（Ichveränderung）。

本我朝对象投注力比多。但对象不一定会满足自我的需求。自我时常会遭遇对象的拒绝。而且在放弃对象的过程中，自我的一部分与对象进行认同。换言之，通过认同对象，自己变为对象本身，从而获取对象。在《自我与本我》中，弗洛伊德列举了恋爱经验丰富的女性的性格形成与多重人格的现象。对那些在恋爱中重复着对象的理想化与失望的女性来说，她们曾经爱过又分手的男性的特征，会成为自己性格特征的一部分。弗洛伊德还指出，在多重人格那里，自我的一部分强烈认同于对象，而这与自我对其他对象进行的认同过于隔绝，以至于自我无法获得统一，于是朝向了复数化。正如这种典型的例子所展示的那样，自我的形成是一个认同对象的（朝自我内部）沉淀过程。而且，这种认同不仅改变了自我，也改变了自己整体。因此，弗洛伊德所说的"自我变容"，应被称作"自己变容"（Selbstveränderung）。[10]

在形成自己的这种认同过程中，尤其重要的是个人的最初认同，即幼年期对父母的直接且无媒介的认同。这种认同是先于所有对象选择的初级认同，属于对象选择的前史。超我产生于这种认同（初级认同）。[11]弗洛伊德认为，在自己形成的过程中，超我产生于对父母的初级认同，自我变容发生于之后对象选择的历史之中。他进一步将超我与随后发生的自我变容之间的关系比作幼儿期的初级性阶段与青春期以后的性生活。我在稍后将再次讨论超我。

我们在本书第二章（第二节）中从阉割情结与人类两性特质的角度说明了俄狄浦斯情结的形成过程，但运用认同替代对象选择的机制来说明压抑俄狄浦斯情结后的性格变化（自我变容）则会更加清晰。孩子的两性特质，即男性特质和女性特质，分别采取阳性、阴性俄狄浦斯情这两种对象选择的形式（共有四种组合）。而且，俄狄浦斯情结的克服将促使放弃父亲－对象和母亲－对象，进而产生对父母的"以某种形式被抵消且合并为一"[12]的两种认同，从而决定了个体的男性特质和女性特质。经过这种过程所产生的自我变容，则作为特权之物处于自己之中。

在此，我想进一步探讨自我变容的概念。自我变容的概念，仅在弗洛伊德的几个文本中以断片的形式出现，并没有被严密地论述。[13]弗洛伊德自身曾感叹讨论这一概念时的困难，"这是被模糊命名的概念"，如果深入其内容，"问题就会过多，而能对其进行回应的点少之又少"。结果，自我变容的概念在弗洛伊德的理论体系中没有得到明确定位，而是一个半途而废的概念。在使用这一概念的文本中，概念内容比较清晰的有《自我与本我》和《可终结的与不可终结的分析》（1937）。然而，两个文本中的概念内容有很大差异。

《自我与本我》中提及的自我变容，重复一遍，是对象选择被认同所置换后自我发生变化的过程。然而，弗洛伊德并不认为仅通过这一过程，自我就能发生改变。他论述道，自我在其一生中"通过经验而丰富自身"。关于这一机制，弗洛伊德几乎没有提及。然而，如果单纯地从"对象选择的放弃历史"这一角度来考虑，就只能看到自我存在形式的一面。自我不仅从对象选择和认同的过程，也从外部、对象、产生于自己内部的各种经验来使自己发生变容。如果将前者称作认同的"减法自我变容"[14]，后者则可以被称作经验的"加法自我变容"。自我通过这种减法和加法，使自身发生变容。

《自我与本我》中的自我变容聚焦于自我形成的初期，而在《可终结的与不可终结的分析》中所探讨的是俄狄浦斯期以后的自我变容。这一文本中的自我变容几乎是指自我的防御机制。如果自我对外部现实或内部现实感到不满，便会发起自我变容来改变与现实的关系。变容的程度从神经症水平到精神病水平不等，但弗洛伊德指出，"无论谁都有与精神病患者的自我相似的一部分"。为了彰显自我变容的多样性，他将其与和基督同时代的历史学家弗拉维奥·约瑟夫斯*的著作所走向的命运进行类比，进一步讨论了自我变容。[15]

弗拉维奥·约瑟夫斯的著作最初与耶稣基督相关，后来则包含了许多让基督徒感到不满的内容。[16]弗洛伊德推测道，有害的部分随后通过多种方法被清除。一种是删除不满意的部分，使后人无法阅读。如此一来，被删除的部分就无法被抄写，而再次抄写这一文本的人就可以写出无可挑剔的文本。但由于一些段落的删除，就无法理解那一部分。或者采取歪曲原文的方法，即用其他文章替换成问题的文章，或插入新的文章等。而最好的方法是完全删除某个部分，并写入相反的内容。如此一来，后人就能够不带顾虑地抄写文章，但这实际上也成了完全的伪造文书。在这种情况下，就算想修改为原来的文章，也无法了解真实情况是什么。在这里，弗洛伊德将丢弃书籍比喻为压抑，除此以外的歪曲方法则代表其他众多的防御机制。这是多么弗洛伊德式的卓越比喻，在诸多不同形式的篡改中，弗洛伊德读取出自我变容的多种形态。

对弗洛伊德所构想的自己来说，最优先的是保留自身的一致性，并回避现实感知带来的不悦。正是出于这样的目的，才会发生自我变容。因此，这一文本将此论点延伸到治疗论中，即分析治疗的目标是在转移的形式中准确识别以这种方式形成的自我变容，并将其导向更确切的现实认知，导向"富有成果的自我变容"。[17]

---

* 弗拉维奥·约瑟夫斯（Flavius Josephus，37—100），一世纪著名的犹太历史学家、军官和辩论家。早年曾为犹太军官，后被俘虏进罗马军队服役，见证了公元70年耶路撒冷城的覆灭，晚年在罗马潜心研究《圣经》。著有《犹太古史》《犹太战史》《驳斥阿比安》等。——译者注

3　超我的形成

弗洛伊德在《自我与本我》中首次提出了超我的概念，但超我的构想并非突然出现于1920年代，而是对《自恋导论》中所运用的"自我理想"这一概念进行了近十年的锤炼才成型的。1910年代，弗洛伊德的元心理学研究在冲动论、对象论和自己论等方面经历了大幅变迁，其中概念的错综复杂与论点的蜿蜒曲折，使正确把握弗洛伊德的理论发展难上加难。

在《自恋导论》中，弗洛伊德列举了自我理想的三个例子。最初列举的例子是作为失去的初级自恋代理的自我理想。在幼儿期，自己是自身的理想。而失去这一理想后，就会发现新的理想，被投注力比多的对象即自我理想。正是这一理想形成的过程产生了压抑。接着列举的是监视妄想患者的例子。这种患者抱怨自己被其他审级所观察和监视。从这种观察、解读并批判自己意图的力量中，弗洛伊德发现了自我理想的一种形态。最后列举了受父母批判的影响（后期则是教育者等周围无数人的影响）而形成的良心，作为自我理想的范例。这种批判以声音的形式传递给自己。弗洛伊德认为，这种良心的存在是一种"审查等级"，是父母的批判与后来的社会批判的具现化（Verkörperung）。

弗洛伊德列举的这三个例子全部等同于《自我与本我》中提示的超我概念。如果不考虑论述的精度，我们可以认为自我理想和超我两个概念的意义几乎相同。事实上，弗洛伊德自己也经常将这两个概念混同使用。然而，如果要研究弗洛伊德理论的形成过程，就必须将两者分开来看，因为这两个概念所处的理论体系背景，以及理论化时的着眼点和重点有很大差异。弗洛伊德之后的许多分析家根据自己的理论立场，对这两个概念进行了区分。例如，欧内斯特·琼斯*认为，形成自我理想的主要是意识，而形成超我的则是无意识；赫尔曼·农伯格**认为，自我为了被自我理想所爱而屈从于它，但自我为了不受超我的责罚也屈从于后者。梅兰妮·克莱因重点关注超我的残忍面和理想自我的理想化功能，并在自己的临床实践中运用这些概念。雅克·拉康与其说区分了超我和自我理想，不如说在自我理想（Ichideal）与理想自我（Idealich）的区分中发现了重要的理论问题，并从自己独特的观点来展开讨论。

在此，我们将着眼于在弗洛伊德的理论构想中论点的变化，并重新思考这两个概念的根本差异。在构想自我理想的概念时，弗洛伊德的关注点在于力比多的经济论问题。力比多首先投注自我（自我力比多），然后投注对象（对象力比多）。弗洛伊德所设想的力比多的经济论法则，是自我力比多与对象力比多达到收支平衡的状态。在偏执狂和疑病症中，投注给对象的力比多被撤回，从而引起了自我力比多的郁积。相反，在依恋（Verliebtheit）中，对象力比多的投注增加，自我力比多的投注减少。在偏执狂和疑病症中自恋是充足的，而在依恋中则不存在自恋。在相反的情况下，自己将力比多投注给从外部强加的理想，通过实现这一理想而再次努力保全自恋。从力比多的经济论观点来看，自我理想可以被视为保全失去力比多的中介对象。

另一方面，在创建超我的概念时，弗洛伊德的关注点在于构建作为冲动论集大成的自己论（第二地形学）。在建构这一理论时，弗洛伊德将自我理想的概念暂时作为可与超我相置换的概念来使用，并将其作为与本我、自我相并列的一个审级。而一旦导入超我的概

---

* 欧内斯特·琼斯（Ernest Jones，1879—1958），威尔士神经学家兼精神分析家。弗洛伊德的弟子、同事与传记作者，也是将精神分析推广至英语世界的关键性人物，英国精神分析学会的创始人。著有《弗洛伊德传》《哈姆雷特与俄狄浦斯》等。——译者注
** 赫尔曼·农伯格（Hermann Nunberg，1884—1970），美国籍德裔神经学家、精神分析家。"训练性分析"的早期提倡者，也是支持并认同弗洛伊德的"死冲动"概念的少数分析家之一。著有《精神分析的原则：对神经症的应用》《精神分析的实践与理论》。——译者注

念之后，自我理想和超我就作为两个具有不同性质的概念被运用。[18]
那么，新导入的超我概念与自我理想之间有什么差异呢？我认为本
质差异在于以下三点。

第一点是自我理想与超我对于冲动的关系不同。自我理想具有
引导和抑制冲动的功能，而超我则与冲动相结合。因此，自我理想
与冲动处于对峙的关系，而超我则与冲动关系密切，超我本身就带
有冲动的性质。

第二点在于自我理想和超我与自我有着怎样的关系。超我是通
过内化父母这样强大的对象而形成的，因此对自我行使着支配权。
就像孩子以前受父母的强制一样，自我也要服从于超我的绝对命令
（自我的依赖性）。超我的严厉源于孩子对父母的依赖以及两者之
间压倒性的力量不对称。[19]自我理想是自我的憧憬对象，两者之间不
存在支配关系。

第三点是自我理想继续维持着作为对象的性质，而超我则位于
自己的"内部"，难以被对象化。弗洛伊德写道，超我隐藏于自我
的深处，"远离知觉－意识系统"[20]。因此，自我的现实检验功能不
太可能对超我起作用。由此可以推断，自己通过内化超我，创造了
独立于外部现实的另一种现实。可以从以下两个方面来考虑另一种
现实的构成。例如，由超我所引起的罪责感通常欠缺现实检验。超
我汲取死冲动所带来的攻击性，并攻击自我。超我的残忍攻击导致
患者的生活被罪责感支配，尽管他或她不需要抱有这种负罪感。这
就是超我所形成的一种现实构成。此外，超我所带来的另一种现实
构成与之形成鲜明对比，这就是幽默的精神态度。幽默者将自己置
于俯瞰外部现实的另一种现实之中。

由于自己内含超我这一审级而形成了自我，因此人类不仅是与
外部现实，也是与自己所创造出的另一种现实相关的存在。可以说
正是在这种与现实的多重关系中，人类这一生物才具有特殊性。

4 自己技术

在思考人与现实的关系时，弗洛伊德提及了两个钟爱的人物。一个是神经症患者俄狄浦斯，另一个是英雄摩西。弗洛伊德所构建的俄狄浦斯，是通过探究自己的内在现实而与命运达成和解的人。弗洛伊德将俄狄浦斯的步伐对应于神经症患者通过分析经验之后，走向新的现实的姿态。而摩西则是犹太民族的解放者与立法者。摩西以超人的意志力，改造了犹太民族所处的外部现实。

俄狄浦斯着眼于内在现实，而摩西则致力于外部现实，两者都在各自的现实领域中登峰造极。弗洛伊德在《神经症与精神病的现实丧失》中，将健康定义为，"与神经症一样不否认现实，同时与精神病一样试图改造现实的态度"。如果遵循弗洛伊德的观点，那么就可以说前者是神经症式的，而后者是精神病式的。然而，两者与现实的关联方式都是悲剧性的。如此一来，悲剧性是否是强加于人类的必然条件呢？在关注心理现实与外部现实的同时，是否存在一种非悲剧性的与现实的关联方式呢？除了这两种类型，弗洛伊德还讨论了另一种与现实的关联方式。这就是可见于幽默中的态度。

弗洛伊德在撰写《自我与本我》的四年后，完成了《论幽默》这篇短文。其中，他将幽默定义为通过超我的媒介而产生的具备威严的滑稽。弗洛伊德列举了一个展示幽默态度的例子。在星期一被带到绞刑台上的罪犯说道，"嗯，这周有好兆头"。弗洛伊德在《诙谐及与无意识的关系》（1905）中，从感情的抑制与宣泄的角度对幽默进行了探讨。换言之，观看罪犯的人们原本预期他会表现出悲怆的姿态，但罪犯开了一个玩笑，用于预期的感情就转变为笑声发散出来。这里是从感情的能量经济的观点来思考幽默的。然而，在《论幽默》这一文本中，他从另一个角度讨论了幽默的问题。这篇文章虽然短小，却具有复杂的结构，论点主要有以下两个。

当被带到绞刑台上时说道"嗯，这周有好兆头"的罪犯，逃离了自己所处的外部现实。而且，通过这句台词，他创造了与悲壮现实不同的另一个现实。在远离带来不悦的现实，并创造出另一个现实这一点上，幽默的态度是精神病式的。弗洛伊德也承认，幽默的态度是人们为了逃离使自己痛苦的现实，而由心理功能编造出的从神经症的退行到精神错乱的方法系列（疯狂的系列！）。但鉴于幽默的态度确保了精神健康的基础，弗洛伊德也强调了幽默与疾病之间的巨大差异。而且，这种作为基础的精神健康，不是单纯的健康，而是异常的健康。然而，对本是生物的人类来说，被带到绞刑台上时说这种台词岂止是没有顾虑现实，简直是大费周章。而且，看到这种态度的人也会受其崇高性的影响。那么，这种幽默的态度是基于什么样的自己机制呢？

关于这一点，弗洛伊德在文本的后半部分有以下说明。那就是"幽默者本人从自我撤回心理的重心，并将其转移至超我。在膨胀的超我看来，如同成人看小孩子的烦恼那般，自我的胆怯和烦恼是不值一提的琐事。而且，如果幽默者的人格内部中自我与超我的分配转变为这种新的形式，超我就能够轻而易举地抑制自我对外部现实的反应可能性"[21]。

超我源于对父母的认同。而且，在自己的形成过程中，超我与本我相结合并持有独特的位置。超我作为破坏的、残忍且严厉的内部法则而运作。然而，弗洛伊德在《论幽默》中所论述的，不是这种作为法则和规范而运作的超我。弗洛伊德主张，幽默的态度只有通过在自我与超我的分配中，将能量转移至超我才成为可能（我将其称作自己技术）。换言之，将自己整体的心理重心，从自我大规模转移至通过认同父母而产生的超我这一独特的场所。通过这种技术，可抑制幽默者的自我对外部现实的反应可能性。这就是自己的心理功能得到显著提高的状态。正是依据这种超我，才构成了幽默者的精神病式的态度。

如果使幽默的态度成为可能的是对超我的绝对依据，在其中当然也可能有对父亲（父母）的绝对信赖。在这一点上，幽默的态度类似于弗洛伊德所说的"海洋感觉"，即基于宗教情感的对现实的态度。然而，通过信仰上帝而克服现实的悲壮态度，与幽默的态度截然不同。如果将自己委身于上帝这种外部（超越者），幽默便荡然无存。幽默态度的本质在于，不依据这种超越者，而是通过以弗洛伊德重新定义的超我为中介的自己技术，创造新的现实。当我们能够运用这种自己技术时，就可以有尊严地跨越人类的命运（阿南刻[*]）。

注　释

1　"弗洛伊德的自己论"这一说法，与"自我论"或"精神装置"的术语相比，不那么通俗。此外，弗洛伊德在第二地形学中论述本我—自我—超我时，重心并非自我，而是以患者（人类）的自己整体为问题。因此，在这里使用的是"自己论"这一术语。

2　Sigmund Freud, „Der Humor", *GW-XIV*, S. 389.

3　Jacob Rogozinski, *Le moi et le chair: Introduction à l'ego-analyse*, Cerf, 2006.（雅各布·罗戈津斯基，《自我与肉体：自我分析导论》，松叶祥一、村濑钢、本间义启译，月曜社，2017 年）

4　Sigmund Freud, „Entwurf einer Psychologie", GW-Nb, S. 417.

5　Jean Laplanche, *Vie et mort en psychanalyse*, Flamamrion, 1970.（让·拉普朗什，《精神分析中的生与死》，十川幸司、堀川聪司、佐藤朋子译，金刚出版，2018 年）

6　Freud, „Zur Einführung des Narzißmus", GW-X, S. 142.

7　Freud, „Formulierungen über die zwei Prinzipien des psychischen Geschehens", GW-XIII, S. 232.

8　Freud, „Triebe und Triebschicksale", GW-X, S. 228.

---

*　阿南刻（古希腊语：Ανάγκη，英语：Ananke，字面意思是"必然性"），希腊神话中的命运、定数与必然的神格化，她的形象是拿着纺缍的女神。——译者注

9　Sigmund Freud, *Das Ich und das Es*, GW-XIII, S. 237.

10　弗洛伊德经常在限制自我能力的消极意义上使用"自我变容"这一概念，但也在扩大自我能力的积极意义上使用这一概念。例如，GW-XI, S. 473。

11　弗洛伊德在《集体心理学与自我分析》中将认同分为三类：初级认同，认同替代对象选择这种退行性过程所致的认同，以及癔症性认同（GW-XIII, S. 115-118）。

12　Ibid., S. 262.

13　这一概念首次出现在题为《防御——神经精神病续论》（1896）的初期论文中。

14　拉康将认同视为一个减法过程。当主体（象征性地）认同某个对象时，就不能再考虑和计算其所认同的对象的特征。拉康论述道，在这一过程中，正是在这种缺失的（被减去的）特征中，（无意识的）主体才会显现。

15　Freud, „Die endliche und die unendliche Analyse", GW-XVI, S. 81.

16　弗洛伊德从与他同时代的《圣经》学者罗伯特·艾斯勒的著作中获得了有关这一点的启示。

17　《精神分析大纲》（1938）指出，"抵抗的克服会带来在现实生活中得到验证且富有成效的自我变容"（GW-XVII, S. 105）。

18　弗洛伊德解释道，超我是对父母的原初认同，也是俄狄浦斯情结的继承者。

19　弗洛伊德也从与死冲动的关联性说明了超我的残酷性（GWXIII, S. 283）。然而，为了以这种方式来说明，就必须将其建立在对父母进行认同的过程中产生的冲动去性化的假说，以及爱欲与死冲动的"冲动分离"的假说之上。

20　Ibid., S. 278.

21　Freud, „Der Humor", GW-XIV, S. p. 387.

第三部分

————————

死冲动的冲击

第五章

"一个被照顾的孩子"

> 必须铭记在心的是，我们不可能只通过一个案例便知晓一切，也不可能通过一个案例来解决一切。
>
> ——《出自一个幼儿神经症的病史》（又名"狼人个案"，1918 年）

1910 年代弗洛伊德的冲动论，在 1915 年的《冲动及其命运》中达到了成熟形态。而且，以这篇文章为基础的《元心理学论》本应是其冲动论的集大成。然而，在理论化的过程中，他对攻击性与恶的问题萌生了强烈的探究欲。弗洛伊德的步伐终究与至善至美无缘。他曾数次写道："跟随思考所到之处，委身于其步伐，并继续前行即可。"（《超越快乐原则》）于是，他放弃了《元心理学论》之前形成的冲动论"体系"，并开始朝新的方向前进。在 1920 年代，弗洛伊德大胆地将自己所创建的精神分析"体系"改头换面。

无论是临床家还是思想家，在其一生中都不能数次放弃自己已经形成的"体系"，并构建新的理论。然而，弗洛伊德在 1920 年代的"转向"，正是带有这种性质。而且，他坚决地直面棘手的问题，即便这可能会使他曾经的发现和创造的知识付之东流。弗洛伊德在这一时期的思索，几乎没有伴随着智识性创造的幸福感。由于年事已高，弗洛伊德的文章中充满了焦躁不安，而且由于身体的不适，字里行间也溢满了低落的情绪。

弗洛伊德最后的案例报告是 1920 年的"一个女同性恋的案例"，并且在前一年撰写了《一个被打的孩子》这篇论文。此后，出于保密的考虑，弗洛伊德不再发表任何案例报告。因此，我们所说的弗洛伊德的"晚期"，不存在案例报告。这并不意味着弗洛伊德远离了临床实践。根据一些自传和调查研究，即使在 1920 年代，弗洛伊德仍坚持每周 6 天，每天 7、8 个小时来接待患者。[1] 然而，尽管弗洛伊德在这一时期撰写了《抑制、症状与焦虑》和《可终结的与不可终结的分析》等临床性总结的著作，但很难具体地想象弗洛伊德是以躺椅上的经验为基础来深化其理论思索的。

在最后两个文本中，"一个女同性恋的案例"延续了"初期"的癔症问题系列的讨论，即朵拉个案中典型的心理两性特质和对象选择的问题。而《一个被打的孩子》这一文本涉及的是攻击性与受虐狂的主题，可以将这一文本定位于"晚期"阶段。此外，这篇论文极为重要，因为它清楚地展示了弗洛伊德作为一名分析家是如何基于临床素材来建构理论的。

我们在第一章中重新解释"朵拉个案"时，已经将《一个被打的孩子》一文中所提及的幻想作为参考，并对其进行了概述。在本章中，我将结合第三部分的核心主题——受虐狂——来讨论这一文本。此外，在参照弗洛伊德的考察的同时，我将试图解释在与一位患者的分析中所体验的幻想，即"一个被照顾的孩子"的幻想。如此一来，我将试图以不同于弗洛伊德的方式，从个别案例中构建普遍的理论。

1　重思《一个被打的孩子》

尽管有些重复，但首先还是让我简要概括一下《一个被打的孩子》这篇文章。弗洛伊德在这篇 1919 年的文章开头写道："在那些因癔症和强迫性神经症而寻求精神分析治疗的来访者中，有不少人坦言曾幻想过'一个孩子被打'的景象。"通过对抱有这种奇妙幻想的女性患者进行分析，弗洛伊德发现这种幻想会经历以下三个阶段：

（1）父亲打我讨厌的孩子。

（2）我被父亲打。

（3）一个孩子被打。

在这里，弗洛伊德重视的是第二阶段。他论述道，第二阶段不是被自然说出，而是通过分析才首次被构成的幻想。这是受虐狂式的幻想，患者感到强烈的快感。他由此得出结论：受虐狂的快感起源于俄狄浦斯愿望的性欲化，神经症与受虐狂都是以俄狄浦斯阶段为起点而产生的病理。

英国克莱因学派的著名分析家唐纳德·梅尔泽*，将这一文本评价为弗洛伊德的"新型思考模式的具体表现"，但他也毫不掩饰自己的困惑："（这篇文章）非常复杂，难以理解其依据。"[2]在第一章中，我们将这种幻想理解为神经症患者的倒错性幻想，然后提出了一个假说，即神经症（癔症）患者会在作为幻想核心的"敲打场景"中，一直采取旁观者的立场，而倒错者则会主动参与这一"场景"。

然而，这种幻想也可以有另一种解读方式。那就是将这一幻想视为受虐狂的幻想，并从这一幻想的变迁来解读受虐狂的生成过程。在第二章中讨论可见于强迫性神经症的施虐狂和受虐狂时，我们参照了《冲动及其命运》这一文本中从施虐狂到受虐狂的转变。在《一个被打的孩子》中幻想的转变也可以用相同的方式来解释。[3]具体如下：在《一个被打的孩子》中，幻想的第一阶段具有攻击性，但不

---

* 唐纳德·梅尔泽（Donald Meltzer，1922—2004），英国克莱因派分析家、精神科医师，因对自闭症儿童的临床治疗和理论创新而闻名于世。著有《精神分析的过程》《自闭症中的探索》《克莱因派的发展》《梦生活》等。——译者注

是性意义上的施虐狂。在第二阶段，攻击性转向了自己，在经历了自体情欲的契机之后，出现了性意义上的受虐狂。第三阶段的幻想形式虽是施虐狂式的，但从其中获取的满足是受虐狂式的。

然而，在这一连串的解释中，受虐狂被视作施虐狂的反转，并没有设想出独立于施虐狂的原发性受虐狂。如果说 1920 年代的重要发现之一是原发性受虐狂的存在，那么这种解释仍停留在 1910 年代的范式之中。换言之，受虐狂只是一种"反转的施虐狂"。

由于其复杂的结构和模糊的论述，《一个被打的孩子》是弗洛伊德的论文中最难解的文章之一。更重要的是，阻碍理解这篇文章的主要原因在于，之后的分析家几乎没有经历过"一个被打的孩子"这一幻想。[4] 弗洛伊德自身的经验也仅限于 4 名女性和 2 名男性，其中以这种幻想为主要症状的大概只有一两个案例。[5] 因此很容易推测，从中构建普遍的理论是极为困难的。

本章所尝试的不是关于这一幻想的文献学式考察。曾经，我在自己的临床工作中，遇见了"想象照顾孩子就会感到性兴奋"的患者，并将这一幻想命名为"一个被照顾的孩子"。[6] 而且，我在分析工作时参考了弗洛伊德所述的"一个被打的孩子"这一幻想，这有效地推动了治疗的进展。在本章中，我将试图理论化从这一分析经验中所学到的东西。

"一个被照顾的孩子"的幻想与"一个被打的孩子"的幻想一样，都是一种非常稀有的幻想。我亲身经历的只有两个案例。不过，我与其中一个案例的治疗关系长达数年，因此能够详细追溯幻想的内容及其变迁过程。当然，从这种罕见的案例来建构具有客观整合性的理论是极为困难的，但我将尝试以尽可能忠实于临床现象的方式来进行理论化。而且，为了进一步扩展视野，我将深入探讨人类性欲的生成及其形成模式。

2 "一个被照顾的孩子"

我在与默然诉说着"不知该如何生活"的女性患者展开分析治疗的过程中，遇见了极为罕见的"一个被照顾的孩子"这一幻想。在开始分析治疗几个月到一年后，患者怀着强烈的羞耻感讲述了这种幻想。最初，其中一位患者以暧昧模糊的形式说道，想象给婴儿换纸尿布时就会感到性兴奋，并开始自慰。患者对倒错行为（恋童癖）没有兴趣，对她来说，幻想所产生的景象是其性兴奋的源泉。

持有这种幻想的患者具有以下几个共通的特征：（1）都是女性；（2）与实际的母亲关系密切，无法精神独立于母亲；（3）工作与孩子相关；（4）年龄超过35岁，不得不面临是否生育的抉择。此外，这一幻想在治疗过程中经历了类似的变迁。最初，患者说道："想象照顾孩子就会感到性兴奋"。如果将其称作第一阶段，那么在这一阶段中，患者会回忆起自己从青春期后期开始就抱有这种幻想。

在第二阶段中，患者讲述道："小时候，母亲帮助我排尿时虽然感到羞耻，但有快感。"患者同时坦言："想象自己在您面前表现得像个孩子一样并受到照顾，就会感到愉快。"换言之，第二阶段中的幻想变化，是由躺在分析家前的躺椅上这一具体情况，以及转移所引发的。[7]这一阶段中的婴儿期回忆是无法回想起的时期里的故事，因而被认为是患者在分析过程中事后"编造"出来的。在第二阶段中，患者感受到的快感比第一阶段更为强烈。

在第三阶段，"一个被照顾的孩子"这一幻想已不限定于排泄场景，母亲与孩子的互动整体也可以带来快感。例如，当患者看到母亲带着孩子在广场上玩耍时，这一场景的景象（并非场景本身）就会给患者带来快感。患者通常处于旁观者的位置，与前两个阶段相比，患者感到的快感很微弱，仅仅是心情愉快的程度。如果按照弗洛伊德的观点来概括上述的幻想变迁，则可以表述如下：

（1）我照顾孩子。

（2）母亲（治疗者）照顾我。

（3）某人照顾孩子。

现在，经过以上的梳理之后，我想进一步探讨"一个被照顾的孩子"这一幻想的性质与起源。在与持有这种幻想的患者的治疗经验中，我抱有以下三个疑问。换言之，这个幻想的起源在哪里、这个幻想为什么会发生变化，以及这个幻想是否是性倒错者的幻想。

首先，根据对案例的回顾，我推断这一幻想的起源位于早期浓密的母子关系中。这种幻想之所以极其罕见，是因为作为幻想素材的经历扎根于患者极早期的经历（前语言记忆）之中。这些患者都是女性，在面临是否生育孩子的情况时，这一幻想就会被激活。男性大概不会抱有这种幻想。这是因为，即便男性在婴儿期受到母亲的过度照顾，他们在事后（即使是以幻想的形式）回忆起这些身体性契机也比女性更加稀少。而女性在分娩、母乳喂养和婴儿护理期间，则有机会重新唤起她们被母亲"照顾"的身体记忆。

接下来，该如何思考这一幻想的变化呢？就这一点而言，弗洛伊德对"一个被打的孩子"的幻想所进行的考察极具启发性。弗洛伊德将这种变化描述为一种由发展所产生的现象。但事实上，弗洛伊德是在分析关系中阐明了这一幻想的变迁，这一幻想在治疗过程中从第三阶段（一个孩子被打）转变为第一阶段（父亲打我讨厌的孩子），他再次将其置于发展过程中。换言之，患者在拜访弗洛伊德时讲述了第三阶段的幻想，在治疗过程中讲述了第二阶段（我被父亲打）的幻想，而到治疗的后半部分则讲述了第一阶段的幻想。在从第三阶段到第一阶段的过渡中，幻想的快感逐渐减弱，这是因为患者已经从幻想的倒错性快感中解脱出来，并返回"现实"。

在抱有"一个被照顾的孩子"这一幻想的患者那里，快感的强度会随着分析的进展而降低。在我进行分析治疗的案例中，通过适当处理第二阶段这一伴有强烈转移的时期，就会给患者的内心世界带来巨大变化。弗洛伊德指出，在"一个被打的孩子"的幻想中，"最重要且带来重大成果的是第二阶段"。然而，他有些粗暴地指出，第二阶段的幻想不过是分析所构建的幻想，"在现实中并不存在"（弗洛伊德之所以对这种幻想的受虐狂性质的表述含糊不清，可能是因为以下特殊情况，即他的小女儿安娜·弗洛伊德对这一幻想的描述最为详尽）。尽管如此，可以肯定的是，幻想的变化展示了分析治疗所带来的疗愈过程。

最后，"一个被照顾的孩子"这一幻想与性倒错有什么联系呢？弗洛伊德将"一个被打的孩子"这一幻想视为倒错的幻想。然而，在分析强迫性神经症中的倒错幻想时，他没有将持有这种幻想的人诊断为性倒错。弗洛伊德的这一文本为这种幻想留出余地，既可以将其解读为倒错的幻想，也可以将其解读为神经症的幻想。在我的案例中，患者的幻想最初明显具有受虐狂的性质。然而，在治疗的过程中，这一幻想在患者的神经症生活史中逐渐占据了稳固的位置。本来性倒错的幻想是固定的，且缺乏可塑性。此外，患者的"倒错性"仅仅是处于幻想的水平上，因此这一幻想是神经症患者的幻想。

然而，尽管消除了这些疑问，仍有暧昧不清的点。她们为什么会抱有这种"倒错的"幻想呢？我无法判断她们幻想的内容，即在婴儿期受到母亲照顾的"诱惑"，是否真实存在于现实之中。如果"一个被打的孩子"这一幻想，是以俄狄浦斯期来自父亲的爱（诱惑）为问题，那么这里的问题在于，前俄狄浦斯期来自母亲的爱（诱惑）。此外，该如何理解这种"诱惑"引起性兴奋的情况呢？面对这一问题，要想得到令人满意的答案，就只能参考弗洛伊德的以下论述：

与照顾者的互动，对孩子来说，是从性欲源区中不断涌出的性兴奋与满足的源泉。其中一个特别的理由在于，照顾者——通常是母亲——给予孩子来自她自己性生活的感情。可以清楚地看到，轻柔地抚摸、亲吻、摇晃，使孩子成为一个十分通用的性对象的替代物。[8]

虽然弗洛伊德在 1897 年放弃了诱惑理论，即神经症的病因是来自父亲的性诱惑，但他仍保留了来自母亲的"照顾"诱惑这一想法，而没有真正将其理论化。这也可以从《性理论三篇》的这段文字中读取出来。着眼于弗洛伊德大致设想的"来自母亲的诱惑"这一主题，并构建出更为广阔的"一般诱惑理论"的，是法国分析家让·拉普朗什。[9]拉普朗什批判了弗洛伊德的诱惑理论是基于来自父亲的诱惑这一事实性而被理论化的，并主张父母与孩子之间的结构性非对称这一条件是诱惑幻想的基础。结构性非对称是指两种非对称：第一种非对称是孩子在性欲的外部时，父母已经存在于性欲的世界；第二种非对称是孩子在生理上无法独立，因此必须依赖父母的照顾。[10]在这种结构性条件之下，孩子以父母（尤其是母亲）的照顾为媒介，将成人的性欲导入自身。我们在分析"一个被照顾的孩子"这一幻想的过程中，摸索到拉普朗什的一般诱惑理论。通过对弗洛伊德的解读，拉普朗什提出了更新弗洛伊德理论框架的论点。虽然有些迂回，但为了更加深入地理解"一个被照顾的孩子"这一幻想，让我们一起来探讨拉普朗什的一般诱惑理论的基础，即他自己的冲动理论。

3 依托的时间性与性欲的生成

第三章曾论述道，弗洛伊德在 1915 年构想《元心理学论》时，将冲动作为精神分析的基本概念。弗洛伊德将"性冲动"与"自我冲动（自我保存冲动）"作为冲动中最根本的"原初冲动"。这两种冲动被视为对立的冲动。随后，自恋概念的导入引发了这种二元论对立的瓦解。

另一方面，弗洛伊德不仅关注性冲动与自我冲动的对立，也着眼于两者在紧密相连的关系中发展这一事实。他运用了 Anlehnung(依靠、依托)一词，来表现这种关系。例如，在《冲动及其命运》中，他写道："性冲动最初出现时，首先依托于自我冲动，但之后渐渐地偏离了这种冲动。然而，在发现对象的过程中，它遵循着自我冲动所指示的道路。"换言之，性冲动并非对立于自我冲动，而是依托于自我冲动这一非性的冲动。

依托的原型可清晰地见于"吸奶"的行为中。孩子为了进食而吮吸乳房，是一种以维持生命为目的的自我冲动(自我保存冲动)。在这里原本没有性的快感。然而，在吸奶的行为中，乳房与温热乳汁的流动使嘴唇和舌头产生了兴奋。最初，这种兴奋是在进食行为中产生的，因此很难区分是由空腹还是由快感所引起的。但最终，孩子寻求的是吸奶行为带来的快感，而不是作为空腹对象的乳汁。此时，性冲动依托于自我冲动而诞生。从性冲动的角度来看，这里已不存在空腹的对象，而只有吸奶的快感对象。吸奶作为一种与性冲动相结合的行为，首先朝向了自体情欲的方向，即吮吸自己身体的一部分，而不是乳房。之后，性冲动以乳房(这是自我冲动朝向的对象)为性对象，并从中寻求冲动的满足。如此一来，口唇性欲便诞生了。

依托的机制产生于性欲源区，即口唇、肛门、尿道、生殖器等。但弗洛伊德在《性理论三篇》中指出，性兴奋的出发点是整个皮肤区域，进而是包括内脏器官在内的一切。如果说自我冲动是一种生物学上预先固定的行动模式，那么可以说人类的性冲动通过依托的机制而产生性欲，性欲使自我冲动所规定的人类的生物学功能发生了逃逸。

让·拉普朗什强调了依托的机制，这几乎没有被弗洛伊德以后的分析家所关注，并试图更新精神分析的理论。[11]他认为，依托的本质在于性依托于非性而产生，并在之后与非性分离这一冲动的机制及其固有的时间性。他将依托的时间性分为三个阶段（这种时间不是按时序排列的时间，而是孕育"事后性"的时间）。

关于之前提及的口唇冲动，可以用依托的时间性来解释。在第一阶段，自我冲动（自我保存冲动）持有乳房这一功能性对象。在这一阶段还没有出现性冲动。在第二阶段则出现了性冲动，其依托于自我冲动而形成，并生成了性欲。在此之后，功能性对象便消失了，但由于性冲动没有固定的对象，因此转向了自体情欲。在第三阶段，性对象作为功能性对象的衍生物而诞生，性冲动朝向新的对象。通过阐明这三个阶段，我们能够更严密地理解弗洛伊德的以下命题，即"对象的发现是一种重新发现"。换言之，失去的对象是功能性对象，当其作为性对象被再次发现时，它虽是和原来一样的对象，但已不再是功能性对象，因此发现往往是重新发现。

如果像让·拉普朗什一样，认为依托的本质在于性从非性中诞生的机制，那么这也是适用于一般冲动的过程。他进而关注施虐狂与受虐狂的冲动机制，并试图应用依托的理论。

如前所述，弗洛伊德在《冲动及其命运》中指出了冲动的四种命运，即"朝向对立物的反转"、"朝向自身的方向转换"、"压抑"与"升华"，并认为在施虐狂与受虐狂中，冲动因"朝向对立物的反转"而发生了转变。关于这种转变形式的详细内容，可参考第二章第四节，以及本章尾注3，拉普朗什从前述的依托时间性的角度，重新解释了弗洛伊德所定义的从（a）到（c）的阶段。弗洛伊德将（a）阶段中"对作为对象的他者行使暴力或武力"命名为施虐狂，但这并不是性意义上的施虐狂，而是非性的攻击性（第一阶段）。而在（b）阶段，当失去对象后，发生朝向自身的方向转换时，就会转变为对自己的攻击，但这种对自己的攻击"沉默地"停留在自己内部（第二阶段）。随后在（c）阶段，产生了朝向他者的性施虐狂和被他者虐待的性受虐狂（第三阶段）。如此一来，之前所说的依托的时间性也可以完全应用于从施虐狂到受虐狂的转变。

然而，我们不能忽略两者在第二阶段的差异。无论是前述的依托机制，还是施虐狂与受虐狂的转变，性都是在第二阶段从非性中产生的。就前者而言，性冲动依托于自我冲动而诞生，进而通过自体情欲的转向来产生性欲。就后者而言，攻击性朝向自身则会引起痛感。而且，当这种痛感超过一定量的阈值时，性兴奋就会作为一种次级作用而产生。弗洛伊德将这种作为痛感的次级作用的性兴奋称作"共同兴奋"，并将其视为性源受虐狂的生理基础。[12] 在后者那里，性欲也产生于第二阶段，但在其中起核心作用的是作为痛感的次级作用的"共同兴奋"，而不是冲动向自身反转时产生的自体情欲契机。"共同兴奋"作为性源受虐狂的生理基础，与死冲动保持着内在联系，关于这一点，我将在下一章再次讨论。

拉普朗什的依托理论是对弗洛伊德冲动论的细致阐释与发展，经由这一理论，该如何理解前述的"一个被打的孩子"与"一个被照顾的孩子"这两种幻想呢？我想考虑以下几点。

4 人类性欲的构成模式

弗洛伊德之所以放弃诱惑理论，是因为无论其分析工作进展到什么程度，都无法判断诱惑这一事实是真实经历的还是虚构的。以此为契机，他将治疗的重心置于患者的幻想，而不是诱惑的事实。此外，在1914年的"狼人个案"分析中，由于没有"现实的基础"来支撑患者曾亲眼目睹父母性交这一推测，弗洛伊德在理论上再次碰壁，并导入了原初幻想的概念。原初幻想是指超越个人经验与想象内容，且位于主体起源的幻想。他列举了"观察父母性交的幻想、诱惑幻想与阉割幻想"[13]。他所报告的"一个被打的孩子"这一幻想可被称作原初幻想。之前，我们从依托的理论出发重新解释了冲动的机制，但在分析幻想时，同样的解释也可以适用（弗洛伊德原本是在分析幻想的基础上导出了冲动的机制）。

如前所述，"一个被打的孩子"这一幻想经历了三个阶段：（1）"父亲打我讨厌的孩子"、（2）"我被父亲打"、（3）"一个孩子被打"。我将效仿拉普朗什，从依托时间性的角度对这些阶段进行重新阐释。

第一阶段是非性的，正如弗洛伊德所言，"这可能是对曾经目睹事件的回忆，也可能是在各种契机中产生的欲望"。虽然具有攻击性，但并非性意义上的施虐狂。

第二阶段是带有性意义的，表现了从父亲那里获得快感的幻想。此外，攻击性转向了自身，转变为性意义上的受虐狂。

在第三阶段，幻想的形式是施虐狂式的，但从这一幻想获得的满足是受虐狂式的。在这一阶段，幻想的主体在这一场景中处于旁观者的位置。

弗洛伊德认为这一幻想的性本质在于俄狄浦斯愿望的性欲化，如果从依托时间性的观点来看，第一阶段是非性的，在第二阶段当攻击性转向自身时，则产生了性意义上的受虐狂。

在应用依托的时间性时，如果参照费伦齐在《成人与儿童之间的语言紊乱》中描述的性理论，这三个阶段的意义就会变得更加清晰。[14]费伦齐将儿童的前性阶段称作"柔情阶段"，处于这一阶段的儿童在幻想中渴求父母（尤其是母亲）的柔情。然而，成人（尤其是父亲）可能会将不同于孩子所渴求的另一种激情（性欲）强加于孩子，使其备受煎熬。这种扰乱通常发生在儿童世界与成人世界相接触的时候。[15]

"一个被打的孩子"这一幻想的第一阶段是柔情阶段。俄狄浦斯的过程本身首先是非性的，是在自我保存的水平上展开的。在第二阶段，如果父母以"另一种激情"介入孩子的世界，这种成人性欲的入侵，对孩子来说则会成为"被打"的痛感体验。"被打"的受虐狂表象不应被视为性受虐狂，而应被视为成人的性欲世界给孩子带来的痛感。

*

为了理解"一个被照顾的孩子"这一幻想，到目前为止我们已经做了一系列的理论考察。那么，根据之前的考察，该如何解释这一幻想呢？这个幻想处于主体起源的位置，因此可以将其视为原初幻想。我们先前已经排列了这种幻想在治疗过程中的出现顺序，如果按照与"一个被打的孩子"相同的发展顺序重新排列，则如下所示：

（1）有人照顾孩子。
（2）母亲照顾我。
（3）我照顾孩子。

第一阶段是非性的，大概是曾经目睹事件的回忆。这是柔情阶段。

第二阶段是带有性意义的，表现了从母亲的照顾中获得快感的幻想。这是在分析治疗中，由于对治疗者的转移而产生的阶段。在这种情况下，转移导致了幻想中朝向自己的方向转换，幻想开始带有性意义。

第三阶段是患者预期在不久的将来会经历的事件，其中患者将会照顾一个孩子，这产生了性刺激。这一幻想的倒错性在第三阶段尤为显著。

如此一来，这个幻想中便出现了母亲—患者—孩子这些角色。在考虑这一幻想时，重要的是患者的性欲不是由于非性的冲动转向自身后而产生的。这不是源于冲动的反转，而是源于自己的外部，即母亲照顾的介入（创伤）。患者的病理在于她无法将来自母亲的性欲内化，无法构建成人的性欲。这可能与患者的素质倾向以及与母亲的密切联系（诱惑）的生活史相关。患者仍停留在来自母亲的诱惑世界里，而没有登陆成人性欲的世界。"一个被照顾的孩子"这一幻想，是一种展示了（患者的）主体位置的原初幻想。

我对抱有这种幻想的一名患者进行了长达数年的分析治疗。在治疗的初期，患者似乎封闭于母亲的诱惑世界中。然而，在转移的状况中，幻想的方向发生了转变（从"我照顾孩子"到"母亲（治疗者）照顾我"）。在与治疗者的关系中，患者的幻想敞开了。而且，通过解释患者的内在世界，她逐渐在自己的内部消化了来自母亲的诱惑这一"异物"。在治疗的后半部分，患者的幻想几乎消失。她在现实生活中逐渐获得了存在的实感。

*

精神分析家的日常实践就是从个别案例中建立具有普遍有效性的假说，并不断试图走出过去的理论所构建的框架。在这种探究中，不能忘记的是分析经验产出理论，而不是相反。如果在分析家的日常工作中，已经形成了一个由理论产出经验的循环，那么对分析家来说，理论只会阻碍经验的发展。

在本章中，我们分析了在临床实践里遇到的"一个被照顾的孩子"这一幻想，并将其与弗洛伊德所论述的"一个被打的孩子"这一原初幻想进行对比，进一步考察了人类性欲的生成模式。

最后，让我们来总结一下人类性欲的构成模式。弗洛伊德在建构理论时认为，性冲动依托于自我保存冲动这一生物学功能而产生了性欲。由于性冲动的"倒错性"（即主要追求快感），人类的性欲在生物学目的上发生了逃逸。自我的功能就是将这种逃逸的性欲保留在现实的基础框架之内。

弗洛伊德没有真正地发展这一理论，但在"晚期"的开篇之作《一个被打的孩子》中，他导入了以下论点，即在性欲中他者的优先性。换言之，成人（他者）的性欲先行于孩子的性欲。孩子无法自己形成性欲，而是在成人性欲的影响下构成了自己的性欲。

对孩子来说，成人的性欲既诱人又恐怖。面对这种性欲，孩子只能处于绝对的被动。将这一情形表现得最明显的就是所谓的"原初场景"幻想。当目击父母性交的场景时，孩子就会与"狼人"一同处于被动的状态，并在感到快感的同时[16]将其导入自己内部。这种情况可能会产生病理，但这种被动的状况原本是人类遭遇性欲的根本模式。人类以受虐狂的形式将性欲内化。至于这是否会产生病理，则取决于主体的素质倾向以及成人性欲入侵的时期和状况。

注　释

1　Ulrike May, *Freud bei Arbeit*, Psychosozial Verlag, 2015；Peter Gay, *Freud: A Life for Our Time*, J. M. Dent & Sons Ltd., 1988. 在 1910 年代，弗洛伊德平均每天接待 9—11 名患者。弗洛伊德一生的大半部分时间都用于临床实践，这超过了任何一位现代第一线的分析家。

2　Meltzer, *The Kleinian Development*, Karnac Books, 1978.（唐纳德·梅尔泽，《克莱因派的发展》，同前）

3　Freud, „Triebe und Triebschicksale", GW-X, S. 220. 关于幻想的转变形式，详见本书第二章第四节，但这一转变形式在本章中也具有重要意义，因此将再次引用。具体内容如下：（a）施虐狂对作为对象的他者行使暴力和武力；（b）这一对象被放弃，取而代之的是自己。通过使攻击性转向自身，主动的冲动目标转变为被动的冲动目标；（c）寻找新的他者作为对象，由于发生了目标转变的过程，这个人物被迫扮演主体的角色。

4　根据我的经验，没有一个患者描述过这种幻想。梅尔泽也表示他从未见过这样的案例，并推测这种幻想可能是 19 世纪的现象。

5　众所周知，安娜·弗洛伊德苦恼于挨打的幻想，并与弗洛伊德进行过分析。她自己也写过一篇关于"'挨打幻想'与白日梦"的文章（Young-Bruehl, *Annna Freud: A Biography*, Summit Books, 1988）。

6　发表于日本精神病理·心理治疗学会第 36 届研讨会（2013 年 10 月）。

7　事实上，第一、第二阶段的顺序可视为如下：由于患者持有第二阶段的幻想，因此回想起第一阶段的幻想。无论如何，这三个阶段的顺序并未遵从通常的时间顺序。

8　Sigmund Freud, *Drei Abhandlungen zur Sexualtheorie*, GW-V, S. 124.

9　Jean Laplanche, *Nouveaux fondements pour la psychanalyse*, PUF, 1987.

10　在第二章讨论两性特质的理论时，我们说到人类有男女两种性别，但这一事实构成了人类性欲之谜。然而，根据之前的讨论，必须重新表述，成人性欲与儿童性欲这两种性欲的存在，是在理解人类性欲方面更加本质的问题。

11　本书第四章尾注 5。

12　Sigmund Freud, „Das ökonomische Problem des Masochismus", GW-XIII, S. 375.

13　Freud, „Mitteilung eines der psychoanalytischen Theorie widersprechenden Falles von Paranoia", GW-X, S. 242.

14　Sándor Ferenczi, „Confusion of the Tongues between the Adults and the Child: The Langage of Tenderness and of passion", *International Journal of Psycho-Analysis*, 30, 1949, pp. 225-230.（《成人与儿童之间的语言紊乱——柔情与激情的语言》［1933］，载于《对精神分析的最后贡献——费伦齐的晚期作品》，森茂起、大塚绅一郎、长野真奈译，岩崎学术出版社，2007 年）

15　拉普朗什将父母与孩子的"根源性人类学状况"这一结构作为一般诱惑理论的基础。此外，费伦齐则将成人性欲的（创伤性）入侵视为性虐待事例。

16　当"狼人"目击原初场景时，这一场景便进入了他的内心世界，并带来了痛感。而且，这一痛感引起了肛门区域的"共同兴奋"，结果他就在床上排便。

第六章

死冲动与受虐狂

不能飞行达之，则应跛行至之，圣书早已言明：跛行并非罪孽。

——阿尔·哈里里*，《马卡梅韵故事》

曾与弗洛伊德有过交流的作家斯蒂芬·茨威格**在其回忆录（《昨日的世界》）中，以生动严谨的笔调描写了第一次世界大战后欧洲的文化崩溃与经济惨状。战后粮食短缺、物资匮乏和生活拮据的状况持续了很长时间，据茨威格所言，维也纳的经济状况最糟糕的时候是从1919年到1921年这三年。人们无时无刻不在为未来的生活担惊受怕，弗洛伊德也不例外。他吃不上肉，而肉类是他进行思考活动的能量源泉；他的书房因没有暖气而异常寒冷；文具和雪茄这些帮助思考的工具也变得难以入手。

即使在当时，弗洛伊德每天也要分析10个患者。其中一半是支付了高昂治疗费用的医生的训练分析，这些医生来自英国和美国等所谓的战胜国。这一勉强糊口的工作削减了他用于思索的时间。在每天10个小时的分析工作之后，他在晚上便身心俱疲地开始理论的工作。

---

* 阿尔·哈里里（Al-Hariri, 1054—1122），阿拉伯贝都因人、贝尼哈拉姆部落的诗人，生卒于现代伊拉克的巴士拉市。他是阿拉伯语学者，也是塞尔柱帝国的显要人物，塞尔柱帝国在他在世时从1055至1135年统治着伊拉克。——译者注

** 斯蒂芬·茨威格（Stefan Zweig, 1881—1942），奥地利犹太裔作家，中篇小说巨匠，擅长人物的心理分析，著有多部名人传记。曾结交罗曼·罗兰和弗洛伊德等人并深受其影响，代表作有《昨日的世界》《一个陌生女人的来信》《同情的罪》等。——译者注

即便对精力旺盛的弗洛伊德来说，这也绝非易事。他在 1920 年 10 月写给琼斯的信中说："（我的）工作正在侵蚀学问。"虽然不应该轻易地将弗洛伊德的思索与当时的生活状况相联系，但我们应该大致了解一下弗洛伊德在 1920 年代形成理论"转向"的时代背景。

在序章中，我们将弗洛伊德的方法分为初期、中期、后期这三个时期。弗洛伊德的理论在每一个过渡期都产生了"转向"。这些方法论转变的共通之处在于，它们都是奠定崭新基础的尝试。在初期，弗洛伊德试图从神经学的角度，在中期则试图将精神分析的基本概念与其他概念和临床经验相联系，来为精神分析奠定基础。在 1920 年代的"转向"中，他试图从量的观点来为快乐原则这一精神分析的基本原则奠定基础。在弗洛伊德的步伐中，1920 年代的"转向"尤其引人注目，这是因为从中导出的死冲动概念激起了许多分析家的反对。而且，如何接纳这一概念，对弗洛伊德以后的分析家来说，是进行理论化时的试金石。

如果阅读弗洛伊德的传记和书信集，就会发现弗洛伊德的这种"转向"需要所谓的"灵感"。初期时，他在信中写道："我的内心正在发酵和酝酿，只须等待新的灵感的到来"（致弗利斯）；中期时，他写道："灵感能够使我脱胎换骨"（致费伦齐）；而在晚期时，他写道："草稿原稿进展顺利，现在只剩等待灵感。没有它就无法完工"（致兰克）。[1] 弗洛伊德在"转向"之际，往往会在写作的焦虑与踌躇中度过数月。特别是在执笔《超越快乐原则》时，他曾担心一旦发表，就会危及之前获取的一切成果。然而，当灵感的火花迸发时，所有的疑虑就会烟消云散，他便在短时间内一气呵成地写完文章。

在理论"转向"之际，弗洛伊德所需的还有思想上的朋友。在其思想生涯的任何一段时期，弗洛伊德都不是一个人，而是两个人一起思考。他能够敞开心扉的对话者包括初期的弗利斯、中期的荣格和亚伯拉罕等，而 1920 年代的同行者则是费伦齐。费伦齐是一位对人类所体验的痛感异常敏感的分析家。关于弗洛伊德在 1920 年代所探讨的死冲动、受虐狂、分析的终结等问题，如果没有费伦齐这位思想上的同行者，弗洛伊德就不可能将自己的构想发展得那么远。在本章中，我将追寻弗洛伊德在 1920 年代的步伐。

1　超越论原则的探究

初期和中期的弗洛伊德将快乐原则视为心理功能的根本原则。这在《释梦》中被称作"不快原则"，在《论心理功能的两条原则》（1911）中则被明确定义为快乐原则。那么，什么是快乐原则呢？对于来自外部世界的刺激，意识 – 知觉系统可以感知各种质的差异，但对于来自自己内部的刺激，则只能感知到伴随着刺激的增大与减少而带来的不快与快感这种质的性质。快乐原则是指心理活动回避不快并以快感为目标。快乐原则适用于心理功能的所有现象，但在癔症患者那里，本应感到快感的地方却感到产生了不快。乍一看，这种现象似乎与快乐原则相悖，但弗洛伊德通过对这种现象的细致分析，发现了作为"精神分析支柱"的压抑机制（关于这一点，我们已经在第一章进行了详细论述）。

在这里值得注意的是，弗洛伊德将快乐原则视为快感与不快的质的原则。在《释梦》中，他指出刺激的增大与减少将会引发不快与快感，但没有明确量与质之间的关系。在《冲动及其命运》中，弗洛伊德说道："不快的感觉与刺激的增大有关，而快感则与刺激的减少有关。这种设想相当模糊不清，但在阐明快感—不快与作用于心理生活的刺激量的变化之间的关系之前，我们将保留这一设想的模糊性。"[2]

《超越快乐原则》这一文本标志着弗洛伊德晚期的开端，其中将快乐原则作为量的原则而不是质的原则，并试图发现快乐原则的基础。

此时，弗洛伊德参照了古斯塔夫·费希纳*的心理物理学，前者"在重要问题上经常以他为依据"（《言说自己》）。我们可以认为，弗洛伊德执笔《超越快乐原则》主要有两个动机。

一个是理论上的动机。正如第三章所述，弗洛伊德的冲动论构想，即性冲动与自我冲动的对立，随着自恋概念的导入而引发了理论上的混乱。在这种混乱中，1915年的《元心理学论》试图通过再次严密地定义以冲动为首的各个概念，来建立一个新的基础。然而，弗洛伊德在中途就放弃了这一尝试。《超越快乐原则》继承了《元心理学论》的计划，并试图以另一种形式来奠定基础。这次，他从更深入的角度重新审视了作为冲动运行原则的快乐原则，并试图将其理论化。

除了理论上的动机，弗洛伊德还有一个明显的临床动机。在《超越快乐原则》中，弗洛伊德写道，"强迫性重复"似乎处于快乐原则的范围之外。"强迫性重复"的例子包括创伤性神经症患者所反复做的梦、重复母亲不在场的（孩子的）线圈游戏、转移神经症中过去经验的重复等。"强迫性重复"是不快的重复，而不是像癔症患者那样，"在精神装置的某个系统中感到不快，而在另一个系统中感到快感"。如何理解"强迫性重复"这种不受快乐原则支配且独立运作的机制，是当时的弗洛伊德所面临的一个紧迫课题。

如今，在阅读《超越快乐原则》时，我们会不由自主地关注这一文本的理论性（思辨性）侧面。然而，在弗洛伊德执笔完成这一文本的12年后，再次回顾当时的情况时，他强调了这一著作中的思索是始于临床中体验到的震惊。换言之，在治疗中表现出抵抗的患者往往对自己的抵抗一无所知，"如果深究其原因，令人震惊的是，我们就可以发现属于受虐狂的欲望系列的强烈惩罚需求"[3]。因此，患者一直保持着病态。试图阐明这种临床现象的探究精神，是将弗洛伊德的理论向前推进的原动力。

---

* 古斯塔夫·费希纳（Gustav Fechner，1801—1887），德国哲学家、实验心理学家和物理学家。实验心理学的先驱和心理物理学的创建者，启发了众多20世纪的科学家与哲学家。——译者注

广为人知的是，弗洛伊德在《超越快乐原则》中的"思辨"，诞生了死冲动这一从根本上刷新了精神分析理论的概念。死冲动这一概念决定了 1920 年代弗洛伊德的步伐。关于死冲动，已有大量的二次文献和各种各样的解释，在此将不赘述。[4] 我将借鉴其中最重要的两种解释，并与我们的讨论相结合。一种是吉尔·德勒兹[*]在《马索克主义：冷漠与残酷》中对死亡"本能"的哲学解释，另一种是让·拉普朗什在《精神分析中的生与死》里关于死冲动的临床解释。首先我想考虑一下前者。

在《马索克主义：冷漠与残酷》的前半部分，德勒兹批判了弗洛伊德的施虐狂与受虐狂的"转变论"，在后半部分则高度评价了弗洛伊德在《超越快乐原则》中的"思辨"。德勒兹对《超越快乐原则》的解读并没有着眼于这一文本论述的跛行，也没有从能量论的观点指出其论述的矛盾之处。他将弗洛伊德的"思辨"视为一种对超越论原则的探究。

尽管"强迫性重复"看似是一种与快乐原则相悖的现象，但创伤性神经症患者的梦具有修复性作用，即修复由不快的兴奋所导致的刺激保护屏障的崩溃。而且，孩子的线圈游戏，即重复母亲的不在场这一不悦的感觉，以及转移所引发的过去经验的重复等，都发挥了限制不快的兴奋并形成快乐原则的作用。也就是说，快乐原则并非从一开始就支配心理生活，而是通过心理作用而形成的。那么，快乐原则这种支配着心理生活一切的原则，其产生的基础是什么呢？这种探索原则基础的尝试正是超越论探究的意义所在。

弗洛伊德所列举的"强迫性重复"的例子主要是以外部刺激为问题，但难点在于如何理解冲动，即源于自己内部的刺激。快乐原则在冲动中也处于支配地位。然而，这是为什么呢？弗洛伊德在这里指出，

---

[*]　吉尔·德勒兹（Gilles Deleuze，1925—1995），法国哲学家、后结构主义时代的代表性哲学家之一。研究领域涵盖哲学、文学、电影理论、艺术等，著有《差异与重复》《意义的逻辑》，并与菲利克斯·加塔利合著有《反俄狄浦斯》《千高原》等。——译者注

"冲动是一种生命有机体内部的强制推力，旨在重建先前的状态"[5]。冲动也遵循着快乐原则，以降低紧张的程度，将自己的兴奋（紧张程度）"保持在尽可能低或者恒定的水平"。如果紧张程度的增加意味着生命，那么紧张程度的降低就意味着死亡。由此，弗洛伊德设想了在快乐原则之下运作的死冲动。

由于位于超越论的结构之中，死冲动（Thanatos）只能以与生冲动（Eros）相混合的形式出现在经验世界中。弗洛伊德在《自我与本我》中运用了冲动的混合与分离（Mischung-Entmischung）概念，对死冲动与生冲动的结合和分离进行了理论化。[6]与生冲动相结合是死冲动得以显现的条件。而德勒兹则区分出一种不与生冲动相混合的纯粹的死冲动，他将其命名为死亡本能（instinct）。[7]这是不会出现在经验世界中的"沉默的超越论审级"。

德勒兹就是这样来理解弗洛伊德超越论探究的尝试。在德勒兹关于《超越快乐原则》的讨论中，另一个重点在于他对弗洛伊德的中性能量的独创见解。[8]我们在第三章曾论述道，由于弗洛伊德导入了自恋的概念，撤回自我的力比多与自我力比多之间的区分变得困难，从而引发了理论上的混乱。自恋打破了性冲动与自我冲动的对立结构，这一混乱标志着1910年代弗洛伊德的步伐。而在《自恋导论》中，他已经提出了"中性能量"的观点，并将其作为（性欲）力比多与自我力比多的过渡状态。然而，由于此观点可能陷入荣格式的力比多一元论，因此弗洛伊德没有展开讨论便将其保留为结论。大约在10年之后，在确立了生冲动与死冲动的二元论之后，弗洛伊德说道，"已经到了不假设中性能量的存在就无法前进的地步"（《自我与本我》），中性能量是被去性化的力比多，由于其高度的流动性，因此得出它为快乐原则服务的结论。换言之，中性力比多驯化了增强紧张程度的爱欲的扰乱（生冲动），并服务于降低紧张程度的死冲动。这一中性能量就是在生冲动与死冲动的对立之中，构成死冲动的能量。

德勒兹围绕弗洛伊德的中性能量的一系列讨论，暗示了理解死冲动生成的可能性。换言之，塔纳托斯的问题系列并不止步于对死冲动的假设，还应该考虑死冲动的生成。德勒兹认为，在这一点上，弗洛伊德对超越论原则的探究是不彻底的。[9]本来，弗洛伊德在《超越快乐原则》中并不认为有必要将"思辨"彻底化。冲动论的更新使因自恋概念的导入而产生的混乱得到了初步解决，这就足够了。

2　恒常性原则与零度原则（涅槃原则）

接下来，为了更加具体地探讨弗洛伊德的文本，我们将讨论拉普朗什对死冲动的解释。在其主要著作《精神分析中的生与死》中，拉普朗什对《超越快乐原则》进行了批判性解读，并且提出了在死冲动的发现过程中发挥核心作用的三个要素。

第一个要素是在《冲动及其命运》以后，弗洛伊德反复描述的冲动中所固有的辩证法。在《冲动及其命运》中，他将其分为三个阶段，并将其描述为施虐狂与受虐狂的转变论。第一阶段是朝向外部的非性的攻击性（施虐狂）。在第二阶段，攻击性"转向自身"，并经由自己的身体（自体情欲），而转变为性受虐狂。在第三阶段，性受虐狂作为性施虐狂朝向外部。在这三个阶段中，弗洛伊德尤其重视的是第二阶段，在这一阶段中，冲动的性质发生了根本变化。一般认为，这种冲动的辩证法为弗洛伊德发现死冲动提供了重要线索。在《超越快乐原则》之后的几个文本（《自我与本我》《文明及其不满》）中，第二阶段被描述为死冲动在"转向自身"后，停滞于自己（有机体）的内部，并在力比多的约束下默默运作的阶段。

第二个要素是弗洛伊德从经济论的观点来考察快乐原则时，认为零度原则优先于恒常性原则的观点。众所周知，在《超越快乐原则》中，弗洛伊德进行了错综复杂的经济论考察。而且，沿着这条充满矛盾的路径走下去的困难程度，阻碍了对这一文本的理解。拉普朗什则在此导入了一条清晰的解读思路。

弗洛伊德的快乐原则中有两个原则：一个是"保持内部紧张程度低下且恒定"的恒常性原则，另一个是"保持内部兴奋为零"的零度原则（涅槃原则）。恒常性原则是指被称作恒常性（稳态）生物体的原则，零度原则是不存在于生物体的原则。虽然这两个原则不可相互还原，也彼此相异，但弗洛伊德认为两者大致相同，并表示"虽然不完全，但几乎相同"[10]。由此，他进一步假定零度原则是人类精神生活的基本倾向，并强力推导出死冲动的概念。在这一推论过程中，潜藏着围绕死冲动概念的混乱的核心问题。

那么，为什么弗洛伊德将零度原则置于恒常性原则之上呢？这是因为，从《科学心理学大纲》到《释梦》，当他解释与梦、幻觉、欲望、记忆等相关的临床现象时，依据零度原则的精神装置能够非常有效地辅助思考过程。弗洛伊德在《科学心理学大纲》和《释梦》中提炼出的精神装置，就是基于零度原则，即神经元的惯性原则（神经元系统趋于零度水平）而运作的。零度原则（涅槃原则）可见于经由最短路径而被释放的自由能量、初级过程和快乐原则中，其中不存在能量的恒常性问题。恒常性原则是以一种完全不同于零度原则的形式而被导入精神装置中的。恒常性原则是依据"生命的必要性"而对零度原则进行的修正，对应于次级过程与现实原则。换言之，在精神装置中，恒常性原则是作为零度原则的次级产物而被导入的。在生命机能中，恒常性原则是初级的；而在弗洛伊德基于机械论思想的精神装置中，零度原则才是初级的。零度原则优先于恒常性原则，这也是贯穿弗洛伊德晚期思想的一个观点。这种"将内部兴奋归零"的零度原则，是诞生死冲动概念的重要因素。

第三个要素是弗洛伊德追溯起源的思考倾向。这表现为"个人神话"或"前历史的神话"，并构成了弗洛伊德思考的基本方向。他在个人的历史中，将某些个人事件投射到过去，并在那里假设了自我核心的凝固。他还进一步追溯从个体发生到系统发生的过程，并假设了生物形态从能量的混沌状态中出现的生物学"神话"。

然而，弗洛伊德彻底摒弃了以无限制的生命流动为基础的"海洋感觉"*这种和谐思想。各个生物体都被死冲动所割裂，并"以自己的方式死亡"。另一方面，为了使自己的理论普遍化，他将死冲动的构想引入所有生命体乃至生命原则之中，以扩大死冲动的普遍性。在这一过程中，弗洛伊德重拾了从《科学心理学大纲》时代起就可见的科学主义方法。他试图将精神分析与生物学紧密结合起来。然而，在与精神分析临床的关系中，如果将勉强具有合理性的死冲动的概念扩展至生命原则，就可能会引发矛盾与混乱。死冲动的导入所引发的正是这种情况。

因此，拉普朗什指出，弗洛伊德试图将死冲动概念与生物学和神经科学等学科相结合，但这将使他的理论变得错综复杂。然而，这并非弗洛伊德第一次以生物学为基础来建构理论。在1915年的《转移神经症概要》中，弗洛伊德试图从系统发生论的观点，并依据拉马克**的进化理论来阐明转移神经症与自恋神经症的原因。但在这一过程中，他对自己的构想失去了确信，因此将这一构想委托给费伦齐，并放弃了自己的论文。弗洛伊德在写作《超越快乐原则》时所感受到的不安（"我不知道自己有多相信这个假说"[11]），大概与他当时的犹豫不决如出一辙。

拉普朗什在指出死冲动概念所孕育的问题点的同时，阐明了弗洛伊德在1910年代讨论的两种对立冲动（性冲动与自我冲动），与

---

*　罗曼·罗兰在1927年写给弗洛伊德的一封信中创造了"海洋感觉"（Oceanic feeling）一词，以表达一种永恒的且与外部世界融为一体的感觉，常指涉一种原始的宗教情感。之后，弗洛伊德在其著作《一个幻觉的未来》和《文明及其不满》中讨论了这一概念。——译者注

**　让－巴蒂斯特·拉马克（Jean-Baptiste Lamarck，1744—1829），法国博物学家，他最先提出了生物进化的学说，是进化论的倡导者和先驱。1809年发表了《动物哲学》一书，其中系统阐述了他的进化理论，即通常所称的拉马克学说。——译者注

1920 年代讨论的两种对立冲动（生冲动与死冲动）在本质上完全不同。如前面的章节所详细论述的那样，前两种冲动虽然相互对立，但性冲动是"依托于自我冲动而形成的"。然而，后者在本质上则是死冲动的一元论。正如德勒兹所述，为了使沉默的死冲动显现于经验世界中，生冲动只扮演了一个次要的角色。这是弗洛伊德为了确保自己的冲动概念的二元论性而导入的一个对立概念。此外，前两种冲动处于依托的关系中，而后两种冲动则构成混合与分离的关系。在后者中没有冲动的自我生成的机制，两种冲动通过混合或分离而产生施虐狂、受虐狂与症状等临床现象。[12]

我们从德勒兹与拉普朗什对《超越快乐原则》的解读中发现，虽然两者的方法和表现不同，但都试图在弗洛伊德的步伐中探寻奠定精神分析的基石。德勒兹作为哲学家，高度评价了弗洛伊德融合先验论哲学的探索。然而，拉普朗什作为精神分析家，则批判了弗洛伊德通过将死冲动概念与生物学相结合，迷失了精神分析所固有的领域。

我们在序章中曾论述道，正是弗洛伊德中期的方法，即通过概念严密地界定精神分析经验的方法，将最大限度地发挥精神分析的潜能。事实上，在这一时期，他不仅几乎完成了精神分析的理论，也完成了技术论，成了一名真正的分析家。然而，弗洛伊德的伟大之处在于，他没有止步于此，而是不断地推进自己的理论性探究，即便这会危及他之前的理论成就。死冲动不是精神分析理论中的"定论"，而只是暂时的定式。精神分析的理论与技术都并非处于完成形态。弗洛伊德的探究发现了作为假定原则的死冲动，而为了达到更深层的境界，则必须进行新的探索。

3　受虐狂之谜

如果说自恋和同性恋的倒错问题推动了弗洛伊德在 1910 年代的思

考,那么受虐狂的倒错问题则推进了其在 1920 年代围绕死冲动的思考。如果没有受虐狂的问题系列作为背景,弗洛伊德关于死冲动的考察则会具有非常不同的性质。

在弗洛伊德的受虐狂理论中,与《超越快乐原则》有密切关联的是 1924 年撰写的《受虐狂的经济论问题》。不过,弗洛伊德对受虐狂的关注始于更早期的《性理论三篇》(1905),随后在《冲动及其命运》(1915)、《一个被打的孩子》(1919)中则被重点讨论。这些文章的论点各不相同,弗洛伊德关于受虐狂的思想也随着时期不同而变化。在进入《受虐狂的经济论问题》这一至关重要的文本之前,让我们先来整理一下弗洛伊德的受虐狂理论的变迁。

在《性理论三篇》中,弗洛伊德列举了克拉夫特－埃宾所记载的受虐狂,这是性目标倒错中最常见且最重要的一种形态。弗洛伊德的描述主要依据当时性学家的观察,但他已经将重点置于人类的两性特质、施虐狂的主动与受虐狂的被动之间的对立之上。他还指出,这种两性特质与主动和被动的对立不仅是性倒错,也是人类性生活的一般特征之一。

前面已经讨论过在《冲动及其命运》中冲动所固有的辩证法。在这一辩证法中,受虐狂产生于第二阶段。第一阶段的施虐狂是非性的,而在第二阶段中则形成了性意义上的受虐狂。在此意义上,在性的水平上处于初级的是由自我攻击而产生的受虐狂。然后,以这种受虐狂为起点,通过将施虐狂的冲动转向"他者",而产生了性意义上的施虐狂。此外,"他者"被迫承担"主体"的角色,由此产生了性意义上的受虐狂。在这一时期,弗洛伊德仍没有承认不是从施虐狂中产生的内在受虐狂[13]的存在。

前面的章节详细论述了"一个被打的孩子"的幻想。在这一幻想中,第二阶段的"被打"这一受虐狂的表象具有重要意义,我们将其解释为成人的性欲世界给孩子的世界带来的痛感(参见第五章第四节)。

那么，弗洛伊德在与死冲动的问题进行艰难较量之后，他是如何在孪生的《受虐狂的经济论问题》这一文本中思考受虐狂的呢？在阅读这篇文章时需要注意的是，弗洛伊德在这里所关注的不仅是作为倒错的受虐狂，也是作为人类普遍存在模式的受虐狂。

弗洛伊德在《受虐狂的经济论问题》中将受虐狂分为三类：性源受虐狂、女性受虐狂和道德受虐狂。然而，这种分类欠缺严谨性，因为它只展示了受虐狂的多种出现形式。这三种受虐狂的病理是跨越疾病分类的，除去一部分女性受虐狂，并不涉及狭义的倒错。道德受虐狂是自我针对严苛超我的受虐狂，表现为罪责感、阴性治疗反应、惩罚需求等。女性受虐狂则从具有受虐狂倾向的男性幻想（例如"一个被打的孩子"的幻想）中可见一斑。在这篇文章中，"女性"意味着"被动"，但弗洛伊德后来对男女的两性特质的强调，模糊了"女性受虐狂"概念的轮廓。在这三种受虐狂中，最根本的形态是性源受虐狂。

性源受虐狂是指痛苦中的快感。弗洛伊德写道，伴随着痛苦的"力比多的共同兴奋（Miterregung）"是性源受虐狂的生理性基础。[14]那么，"力比多的共同兴奋"意味着什么呢？这并不是弗洛伊德在《受虐狂的经济论问题》中首次提出的观点。在《性理论三篇》的第二篇《幼儿性欲》中，已经暗示了其最初的构想。

弗洛伊德着眼于以下现象，即具有节奏的机械性刺激、肌肉运动、剧烈疼痛乃至脑力劳动和精神性紧张往往会产生性兴奋。他说道："主体具备某种机构，一旦这些机构开始运作，众多内部过程的强度超过一定量的阈值的话，性兴奋就会作为次级作用出现。"[15]"狼人"目睹父母性交的场景时，肛门区域产生了兴奋，于是在床上排便，这也是"性兴奋作为次级作用出现"的例子（参见第五章尾注16）。然而，这一观点长年都没有得到发展并被束之高阁。在此期间，弗洛伊德的关注转向了自恋，即力比多通过"转向自身"而朝向了作为对象的身体。无论是在1910年代的自恋性神经症论中，还是在1920年代的死冲动论中，弗洛伊德一直都在深化自己对身体而非精神的思索。

当弗洛伊德思考死冲动时，"作为次级作用（共同兴奋）"的性兴奋这一构想再次登场。他将其概念化为"力比多的共同兴奋"。如前所述，弗洛伊德特别重视冲动所固有的辩证法中的第二阶段。在死冲动中，这是一个停滞于自己（有机体）的内部，默默运作的阶段。最终，死冲动被爱欲推向外部，外化为朝向他者的攻击性（这种攻击性进而被内化，成为残暴的超我）。关于第二阶段，弗洛伊德写道，"死冲动停留在有机体的内部，被力比多的共同兴奋所约束。正是在这一点上，我们不得不承认性源（内在）受虐狂的存在"[16]。换言之，如果死冲动所带来的刺激（痛苦）超过了一定的阈值，力比多的共同兴奋就会引起性兴奋。这种性兴奋是作为不快的快感，可以称其为享乐。而且，这种力比多的共同兴奋所产生的享乐构成了生理性基础，并形成了形态各异的受虐狂。弗洛伊德曾简明扼要地说道："对生命来说，受虐狂是极其重要的死冲动与爱欲相结合时的证人。"[17]换言之，超越论原则的死冲动，以力比多的共同兴奋这一生理性基础为媒介，与作为临床现象的受虐狂相结合。

4　人类的根源性受虐狂

如此一来，弗洛伊德通过在《超越快乐原则》一书中进行的超越论探究，不仅发现了死冲动，还发现了受虐狂，其源于死冲动与力比多的共同兴奋的共振。在《超越快乐原则》中，弗洛伊德探讨了快乐原则的基础，并得出"冲动遵循内在原理并以死亡为目标"的结论。对于这一结论，他毫不掩饰自己的震惊（"但仔细想想的话，这是不可能的吧！"[18]）。另一方面，对于人类与生俱来的受虐狂性质这一发现，他犹豫不前。人类是具备死冲动与（根源性）受虐狂的存在。换言之，正是死冲动与受虐狂造就了人类。弗洛伊德从死冲动的问题系列中得出的最终结论是，人类在本质上是受虐狂。

在此，我将对比总结弗洛伊德在 1910 年代和 1920 年代的性欲理论（冲动理论）。如前面的章节所述，弗洛伊德在 1910 年代的性欲理论的特点是"依托"理论，以及"性欲的构成模式"理论。关于后者，"一个被打的孩子"这一幻想是典型的例子。在此幻想中，孩子以绝对被动的形式将成人的性欲导入自身。这可能会产生病理，但这原本是人类遭遇性欲的基本模式。换言之，人类通过"他者"的媒介，以受虐狂的模式导入性欲。

然而，由于死冲动与受虐狂的出现，1920 年代的性欲理论与 1910 年代的性欲理论在本质上有着巨大差异。从死冲动与力比多的共同兴奋中产生的受虐狂，在获取享乐时已经无须他者。享乐最终完结于自己身体的内部。弗洛伊德在死冲动概念之后提出的是无他者的性欲的可能性。当然，实际的受虐狂为了实行自己的幻想场景，需要他者的在场。在道德受虐狂与女性受虐狂那里，没有他者的参与，受虐狂就不能成立。然而，仅就内在受虐狂而言，理论上是他者缺失的经验。换言之，弗洛伊德在 1920 年代的性欲理论是指无他者的性欲，其源于死冲动与力比多的共同兴奋。从另一个角度来看，这也暗示了性欲作为一种自我封闭的享乐技术的可能性。

然而，只有死冲动在默默运作的内在受虐狂，是否是作为一种自我封闭的享乐技术留存于（自己的）身体中呢？就如同死冲动转向攻击性，并作为残忍的超我回归自身一样，内在受虐狂在实际运作的过程中是否展现了对他者的破坏性呢？此外，它是否受到了残忍超我的折磨呢？

*

在《受虐狂的经济论问题》这一文本中，弗洛伊德只是提出了问题而没有对其展开讨论，从而留下了两个问题：一个是刺激的质性（或者节奏）问题，另一个是冲动的"驯化"（Bändigung）问题。这两个问题具有重要的治疗意义，我将在本章最后进行概述。

关于第一个刺激的质性问题，弗洛伊德从初期开始就有零星地提及，但从能量论的（经济论的）观点思考死冲动与受虐狂时，他不得不再次面对这一问题。当弗洛伊德讨论力比多的"经济论问题"时，所涉及的通常是量的问题。讨论外部兴奋（刺激）和内部兴奋（冲动）也是如此。这是因为，构建一种依据"量"而非"质"的理论，是弗洛伊德的构想通向普遍性（科学）的关键。然而，弗洛伊德自身也感受到仅从量的层面来考察死冲动概念的局限性。在分析理论中导入质的观点是不可避免的。然而，弗洛伊德并没有采取从复数的质性出发来理解兴奋（刺激）的解决方法。他坦言道："质性也许是节奏，即刺激量的变化、增大与减小所展示的时间经过，但我并不确定。"[19]

节奏对于精神分析的理论与临床皆具有重大意义，但几乎没有分析家真正讨论过节奏的问题。分析治疗中的节奏问题，是今后的精神分析中重大的理论与实践课题。

关于第二个冲动的"驯化"问题，则在《受虐狂的经济论问题》中首次提及。弗洛伊德在《超越快乐原则》中发现了死冲动与内在受虐狂，但它们的衍生物（嫉妒、攻击性、阴性治疗反应等）阻碍了分析治疗。那么，可以通过何种方法与形式来"驯化"死冲动与受虐狂呢？弗洛伊德没有作出明确的回应。此外，在《可终结的与不可终结的分析》中，弗洛伊德将冲动的"驯化"描述为以死冲动为首的诸多冲动不再为了满足自己而我行我素。在这里，对于冲动的"驯化""通过什么方法、什么手段而产生"的问题，晚年的弗洛伊德只是陈述了"不易对此作出回应"的悲观见解。[20]

然而，决定我们人生的是冲动，如何通过语言来改变冲动的存在形式这一课题，是精神分析临床的核心。如此一来，这两个问题就是关乎精神分析治疗的根本问题。在下一章中，让我们一起来探讨精神分析的治疗论。

注　释

1　每封信的日期分别为 1897 年 5 月 16 日（致弗利斯）、1913 年 7 月 7 日（致费伦齐）、1922 年 8 月 4 日（致兰克）。

2　Freud, „Triebe und Triebschicksale", GW-X, S. 214.

3　Sigmund Freud, *Neue Folge der Vorlesungen zur Einführung in die Psychoanalyse*, GW-XV, S. 115.

4　与现代思想相关的文献，可参考 Todd Dufresne, *Tales from the Freudian Crypt: The Death Drive in Text and Context*, Stanford University Press, 1966（托德·杜弗雷斯尼，《"死冲动"与现代思想》，远藤不比人译，Misuzu 书房，2010 年），其中列举的文献仍只是一部分。

5　Freud, *Jenseits des Lustprinzip*, GW-VIII, S. 38.

6　弗洛伊德承认，冲动的混合与分离的想法类似于恩培多克勒的"爱"（philia）与"恨"（neikos）之间的对立。

7　Gilles Deleuze, *Présentation de Sacher-Masoch: le froid et le cruel*, Minuit, 1967. p. 100.（吉尔·德勒兹，《马索克主义：冷漠与残酷》，堀千晶译，河出文库，2018 年，第 176 页）

8　Gilles Deleuze, *Différence et répétition*, PUF, 1968. p. 149.（吉尔·德勒兹，《差异与反复》上，财津理译，河出文库，2007 年，第 306 页）

9　国功分一郎明快地整理了这一点（《德勒兹的哲学原理》，岩波现代全书，2013 年）。

10　在《超越快乐原则》四年后撰写的《受虐狂的经济论问题》中，弗洛伊德批判了将恒常性原则等同于零度原则（涅槃原则）的观点。Freud, „Das ökonomische Problem des Masochismus", GW-XIII, S. 372.

11　Ibid., S. 64.

12　"施虐狂与受虐狂是展示爱欲与攻击冲动相混合的两个绝佳案例。……当然，这种混合的比例实际上各不相同。"（Freud, *Neue Folge der Vorlesungen zur Einführung in die Psychoanalyse*, GW-XV, S. 111.）

13　弗洛伊德区分了从施虐狂中产生的受虐狂，即次级受虐狂；以及并非从施虐狂中产生的受虐狂，即初级受虐狂。弗洛伊德将初级受虐狂称作单纯受虐狂、内在受虐狂等，但在这里统称为内在受虐狂。

14 Ibid., S. 375.

15 Sigmund Freud, *Drei Abhandlungen zur Sexualtheorie*, GW-V, S. 106.

16 Freud, GW-XIII, S. 376.

17 Ibid., S. 377.

18 Freud, GW-VIII, S. 41.

19 Freud, GW-XIII, S. 372.

20 Freud, „Die endliche und die unendliche Analyse", GW-XVI, S. 69.

第四部分

————

分析家的事业

第七章

分析技术与终结的问题

精神分析向前发展的可能性主要取决于治疗（而非理论）。

——《精神分析引论》（1917）第 27 讲

1 两种技术论

弗洛伊德在两段极为限定的时期里集中撰写了技术论。第一个时期是从 1911 年至 1915 年，在此期间，他撰写了以《精神分析中释梦的操作》为首的六篇论文（下文简称前期技术论）。在这些文章中，弗洛伊德具体而详细地论述了自己对于分析的基本技术的观点，包括分析家的基本态度、躺椅的设定、转移、反转移的处理、治疗费用、分析的频度、治疗取消的应对方法等。即便从 100 年后的今天来看，这些论述仍具有很高的完成度，几乎没有变更的必要。弗洛伊德之后的分析家曾试图将其所设想的技术更改为各种各样的形式。然而，对现代任何一个学派的分析家来说，这种技术论已成为一种具备普遍性的参考标准。前期技术论中值得注意的另一点是，弗洛伊德在讨论这些临床的具体问题的同一时期，也在平行撰写高度抽象的《元心理学论》。这种在临床工作与理论思考之间来回穿梭的能力，体现了弗洛伊德思想的宽广幅度。

在 1920 年代，弗洛伊德没有写过一篇关于技术的文章。直到 1937 年，当他明确意识到自己大限将至时，才突然执笔完成了两篇技术论文（《可终结的与不可终结的分析》《分析中的建构》；下文简称后期技术论）。在这两篇晚年的文章中，尤其是在被弗洛伊德称为"遗书"的《可终结的与不可终结的分析》中，他对分析的终结、训练分析的形式等问题展开了非常专业的讨论。与前期技术论相比，后期技术论浓缩了弗洛伊德的熟练经验。此外，前者是基于乐观的治疗论，而后者则整体带有悲观的基调。两种技术论的基调差异反映了弗洛伊德在这 20 年间的临床经验。尽管两种技术论的论点涉及许多方面，但我们在此将聚焦核心的论点，并思考弗洛伊德技术论的深化过程。

在前期技术论的一篇文章《论治疗的开始》中，弗洛伊德从自身的经验中导出了以下观点，即分析是具有独特经过的过程（Prozeß）。在这篇文章的开头处，他将分析比作象棋，并写道，"只有在开局与残局中，才能对其进行详尽而系统的说明，而关于开局之后的各种无法预测的局面则无法说明"[1]。这篇文章还进一步指出，分析过程不是一个可控的局部过程，而是一个卷入了患者与分析家的整体过程，弗洛伊德将其比喻为生殖过程。

从整体上看，这个过程一旦启动，就会按照自己的方式行进，其方向与发展的顺序都无法预先确定。分析家对于各种病理状态所持有的能力就如同男性的性能力。无论男性的性能力有多强，即便他能够让女性怀孕并分娩婴儿，也无法在其子宫内只创造出一个头、一只胳膊或一条腿。他甚至无法决定孩子的性别。事实上，男性仅是启动了一个极其复杂的过程，这个过程以孩子从母体的分离而告终。[2]

弗洛伊德在这里将分析家比作男性，患者比作女性，并将分析过程的本质类比于交融和分娩的生殖过程，着实独具慧眼。这一时期的弗洛伊德非常重视展开分析过程的三个要素：一个是患者的自由联想，另一个是分析家受过训练的被动态度，最后一个是作为患者与分析家之间的交流的转移。让我们依次来看。

弗洛伊德在撰写《癔症研究》时，将自由联想视为精神分析的基本原则，并认为自由联想和梦一样，都是探索患者无意识的最佳途径。随着分析经验的积累，这一创想发展成了确信。弗洛伊德认为，自由联想是独特的"思考形式"，其描绘了复杂的线条。[3] 在健康的人那里，这一线条覆盖了广泛的心理领域，但当存在病因性的心理材料时，与该材料相关的联想就会受到压抑，描绘线条的领域则会变得非常狭窄。他写道，在患者那里，"联想的过程在每个站点都会停滞不前，联想就如同国际象棋中马（骑士）的走法，在棋盘格上曲折跳跃式地解决问题"[4]。

这种自由联想具有解释的效果，即联想工作本身会让患者了解到被压抑之物。此外，当分析家的解释阐明了病理的核心时，压抑就会被解除，患者的联想所描绘的线条将具有无比的宽度。自由联想具有将思考的自由宽度赋予患者的创造性功能。

第二个要素是分析家受过训练的态度。《对实践精神分析的医生的建议》一文陈述了弗洛伊德对分析家的具体忠告。[5] 例如，维持均匀悬浮注意、不要做笔记、以开放的心态面对患者、不带任何成见、自己的无意识应该像容器一般接纳患者的无意识、治疗的热情会成为治疗的阻碍等。上述的各条建议都是非常中肯的具体技术，而我认为这些技术只针对一件事，即分析家的姿态。

弗洛伊德认为成为分析家的必要条件，是通过训练而习得一种分析的态度[6]，即刻意构建的被动性。这并非单纯的被动性，而是内含主动性的被动性。当分析家以这种态度进行分析时，患者的自由联想就会逐渐变得活跃。虽然自由联想主要是由患者进行的工作，但如果没有分析家所准备的治疗空间，就无法充分展开。

第三个要素是转移。转移是患者在特定的对象关系中无意识欲望的实现，这也可能发生在现实生活中。然而，精神分析主要处理的是分析治疗过程中产生的转移。随着转移的产生，患者的神经症被转移神经症所替代，并展开其病理。分析过程就是处理这种作为"代理"的转移神经症的过程，而不是治疗患者的疾病本身的过程。弗洛伊德在《论转移的动力性》中反复强调了转移即抵抗这一点。[7] 如果转移即抵抗，那么患者的自由联想所描绘的线条就会随着转移的产生而出现明显的扭曲。随着分析过程的推进，联想的线条会呈现出复杂的形态而发生变化。弗洛伊德认为，对于转移这一抵抗的修通，正是对患者的最大考验，一旦完成这一修通，治疗也会随之终结。

尽管弗洛伊德在前期的技术论中表示，分析过程孕育着不确定因素，因此"无法回答"终结分析需要多长时间，但他毫不怀疑修通转移抵抗之时，分析就会结束。这一确信造就了前期技术论的乐观基调。

此外，后期技术论的核心主题是什么呢？在此，我将依据弗洛伊德晚年最主要的技术论文本《可终结的与不可终结的分析》来展开论述。[8] 在前期技术论中，作为考察素材的临床案例主要是癔症个案。而在后期技术论中，考察素材则是训练分析的个案以及长期重症的神经症个案。[9] 在这篇文章中，弗洛伊德平行地讨论了治疗分析与训练分析的问题，并探讨了分析终结的基准和使分析走向结束的方法。

首先，弗洛伊德指出，如何缩短长期化的分析治疗这一技术性课题，以及如何界定分析的终结这一理论性问题，在分析家的群体里是非常切实的问题。这两个问题也是现代的分析家未能解决的问题。

前者是一个与分析技术的简化与修正相关的问题。虽然弗洛伊德承认在"狼人个案"中所尝试的"期间设定法"的可能性，但由于这种方法不具备一般可行性，因此断言道，是否采用这种方法"只能取决于分析家的直觉"[10]。他对费伦齐的观点表示赞同[11]，强调分析治疗的关键在于深度，而非时间长短。之后便暂且中断了关于这一问题的讨论。

那么，该如何考虑分析终结的基准问题呢？这不仅是一个将分析治疗的终结置于何处的问题，也是一个如何界定训练分析的终结的（分析组织内的）制度性问题。对此，弗洛伊德设立了几个水准。最浅层的终结水平，是患者克服了症状以及各种焦虑与抑制，并且不再害怕成问题的病理过程的重复。然而，他并未止步于这一水准，而是提出了一种更具野心的分析终结的形式。这时，他设想了训练分析的终结基准。分析结束的基准是，分析带来了非常普遍的变化，即使继续分析也不会有进一步的改变。

弗洛伊德进一步提出了一个非常有趣的问题，即"接受过分析的人与没有接受过分析的人之间是否存在本质上的差异"[12]。他运用堤坝建设的比喻来回答这个问题。接受分析就是解除旧的压抑，并使用更加坚固的材料来建筑新的堤坝。这种彻底的重建工作在自然过程中是不可能发生的。这座极其坚固的新堤坝，即使面对高涨的冲动洪流也不会决堤，并能够"约束冲动高涨这一量性因素的优势"。

在这篇文章的最后，他讨论了著名的"阉割之岩"的问题。弗洛伊德指出，分析治疗在最终阶段会触及"最底层的生物学岩石"，即男性对女性特质的拒斥以及女性的阴茎嫉妒，而无法前进。根据弗洛伊德的观点，在心理领域之下存在着生物学的两性特质基础，而分析则触礁于这一地点。正如第二章所述，弗洛伊德的两性特质理论是从弗利斯那里继承的构想，他从初期开始就主张这一理论会成为精神分析的"终极理论"[13]。第二章曾论述道，心理两性特质的理论构成了弗洛伊德的倒错论系列之一，即两性特质—阉割情结—恋物癖。然后，他将这一问题系列纳入分析终结的基准之中。男性无法接纳心理两性特质之一的女性特质，而女性则羡慕"男性特质"并拒绝"女性特质"。弗洛伊德总结道，无论哪种性别的人都无法接受自己的两性特质现实，这作为无法分析的事物而留存至最后。然而，与其说这是分析治疗的局限性，不如说是他的两性特质理论被广泛应用的结果。在分析终结时成为"岩石"的不是两性特质的问题，而是我们在前面的章节所论述的人类的根源性受虐狂。那么，我们该如何驯化这种受虐狂呢？在考虑这一点之前，让我们稍作一些迂回。

2　节奏与心理空间

在前章的末尾，我们论述了弗洛伊德在《受虐狂的经济论问题》中未解决的遗留问题，即刺激的质性（节奏）与冲动的"驯化"问题。我在序章中曾稍微讨论了这一点，在此我将试图为弗洛伊德遗留的问题提出一条解决路径。

弗洛伊德从《科学心理学大纲》开始就对节奏的问题感兴趣。在《科学心理学大纲》中，他首次将兴奋（刺激）量（Qń）运动的时间性质命名为"周期"。在《超越快乐原则》中，通过"刺激的程度""刺激的时间性质""有机体中踌躇的节奏"等表现，他谈及了节奏的问题。然而，这些都是极为零散的记述，并没有记录明确的内容。弗洛伊德关于节奏的观点在以下两处有相对清晰的表述。

尽管快感与不快在很大程度上与被称作刺激紧张的量性契机有关，但与量的增减无关。快感与不快并非取决于量性因素，而是取决于量性因素的某种属性，这种属性只能被描述为质性因素。如果能说明这种质性因素是什么，心理学将会取得巨大进步。这可能是节奏，即刺激量的变化、增大与减小所显示的时间过程，但我并不确定。[14]（《受虐狂的经济论问题》）

刺激紧张的增大一般令人感到**不快**，而减小则令人感到**快感**。然而，令人感到快感与不快的大概不是紧张刺激的绝对强度，而是其变化节奏中的某些因素。[15]（《精神分析大纲》）

弗洛伊德认为，快感与不快并不只取决于刺激紧张的增减这一量性因素，而是取决于其他只能表现为"质性"因素的属性。他称其为刺激量的时间性经过或节奏。换言之，关于快感与不快的感觉，不仅涉及量的增减，还导入了时间性契机（节奏）作为新的因素。然而，正如弗洛伊德所承认的那样，他对节奏的了解有限，因此在这里弗洛伊德的论述也没有得到充分展开，仍然保持着模糊不清的状态。

在此，我将总结前章所展开的关于恒常性原则的讨论，以深化弗洛伊德关于节奏的思考。弗洛伊德的快乐原则包括"将内部的紧张程度保持在低下且恒定的水平"这一恒常性原则，以及"将内部兴奋归零"的涅槃原则。在《超越快乐原则》中，这两个原则被视为是等同的，由此诞生了死冲动的概念。然而，在《受虐狂的经济论问题》中，弗洛伊德纠正了将恒常性原则等同于涅槃原则的看法，认为"这种理解不可能是正确的"[16]。其理由是——例如，性兴奋的状态就是一个明显的例子——存在以下情况，即充满快感的紧张和不快的松弛。因此，弗洛伊德告诫道，尽管快感与不快在很大程度上与刺激紧张的量性契机有关，但与量的增减无关。其中涉及的是质性因素，这就是节奏。

弗洛伊德以这种方式来展开论述，并试图重新定义作为支配心理事件的法则的恒常性原则。弗洛伊德虽然没有明确说明，但他所思考的大致是以下内容。生物体之所以能够将刺激紧张维持在一个低下且恒定水平，不是通过瞬间释放和减少刺激，而是通过赋予刺激紧张以节奏这种时间性质，使其维持在恒定的水平。这一点在冲动这种内部刺激的情况下尤其明显。通过着眼于节奏这一契机，弗洛伊德试图将恒常性原则重新理解为一种人类的重要心理功能，其将冲动的强度维持在一定的水平。在这里需要注意的是，将冲动的强度保持在恒定水平（或降低冲动强度）的功能，并不是指改变冲动的方向或阻止冲动的运动，而是指人类能够在自己的心理空间中内摄并维持冲动的强度。这种心理功能在个体之间存在很大的差异。患者的这种功能非常薄弱，无法耐受冲动的强度。在弗洛伊德之后的分析家中，比昂提出了心理容器的概念，这可被看作重新定义弗洛伊德的恒常性原理（心理功能）的一次尝试，并以母子关系为模型进行了理论化。

*

在这里，我想再次讨论序章中介绍的个案 A（参见序章第五节）及其后续经过。在个案 A 中，她的生活史与她每次分析的话语都是支离破碎而不协调的。此外，她的情感流动断断续续而没有连贯性，肢体动作与行为也不够自然流畅。她对于在固定的时间和时长内进行分析感到痛苦，并希望来去时间自由。此外，她非常讨厌我的解释给她的内心带来混乱。她对我的解释感到不快，有时会朝我大发雷霆。而且，突然取消分析的情况也屡见不鲜。

然而，大约 5 年过后，她不再有任何行动化，并逐渐将自己的强烈情感波动带入治疗中。虽然治疗关系动荡不安，但她的实际生活逐渐趋于安定。在经历几个阶段的变化之后，她的情感开始变得柔和，在她身上我逐渐感到一种前所未有的温柔。在经过近 10 年的治疗之后，经由她的提议而终结了分析。在分析结束之前，她报告了一个罕见的梦。在这一"孤独的"（她自己的表现）梦中，她独自沿着河流漫步，聆听着小溪的潺潺水声（她长年以来一直被脑海中机械声音的回响所困扰。在梦中，这种噪音变成了小溪的潺潺水声。而这条"小溪"显然与我的名字有关*）。

*

我们可以在治疗的背景下，对与该患者近 10 年的治疗关系中发生的事情进行详细分析。分析过程背后的驱动力，是我在治疗情况的各个阶段向她传达的转移解释，以及她对这一解释的理解。然而，这

---

* 小溪的日语翻译为"小川"，在这里与作者的姓名"十川幸司"相关。——译者注

里需要注意的是另外一些事情。这是我在治疗结束时感到的一个疑问，即她在这一治疗中发现了什么。对此——在分析结束近 10 年后的今天，尽管是事后的——我可以肯定地说，通过分析治疗，患者发现了一种属于她自己的节奏。这里所说的节奏既是心理的，也是身体的节奏，更是她生命本身的节奏。

在分析治疗中，无论是在形式上还是在内容上，节奏的元素随处可见。在形式方面，精神分析会谈是在固定的日期和时间、在一定的框架内和相同的地点反复进行的。在内容方面，则可以列举患者的自由联想、分析家的语调、情感的交流和身体的共鸣等。[17] 这些元素在分析的过程中既可能发挥节奏性作用，也可能只发挥非节奏性作用。

在与患者的心理互动中，分析家应努力使这些不同的元素形成一种节奏。弗洛伊德在《对实践精神分析的医生的建议》中推荐的几种技术，都是服务于这一目的的方法。它们可能是节奏，也可能不是节奏。然而，至少在治疗过程取得进展的情况下，治疗关系中产生的节奏会内化于患者的心理与身体功能。通过内化节奏，患者能够调节自身冲动高涨的强度，并保持内部平衡。

那么，从节奏与心理空间的视角出发，该如何理解前述的冲动"驯化"和分析终结的问题呢？让我们再次回到主题上。

3　分析过程及其终结

关于弗洛伊德后期的技术论，我们列举了《可终结的与不可终结的分析》与《分析中的建构》这两个文本，但严格地说，还应该加上《精神分析大纲》（1940 年追授出版）的第二部分，该部分写于 1938 年，因手术而不得不中断。第二部分题为"实践的课题"，是对弗洛伊德技术论的概述，其中包含序章中简要提及的以下段落。

　　神经症患者的状态不佳以及痛苦的原因，在于量的**不调和**。人类心理生活的各种形式都可以在先天倾向与偶然经验的相互作用中找到原因。一方面，如果某种特定的冲动因先天因素而过于强烈或过于微弱，特定能力的发展就会停滞或在生活中无法成形。另一方面，外部的印象和经验对个人提出了各种强度的要求，某些人可以凭借其先天素质来克服，而对其他人来说就是异常困难的任务。这种量的差异是产生许多不同结果的条件。[18]

　　这是弗洛伊德治疗理论的基本观点。尽管在这里只限于"神经症患者"，但回顾弗洛伊德的全部作品，就会发现他认为"量的不调和"是所有精神疾病的原因。他认为，这种"量的不调和"构成了每一位患者的心理现实。

　　先前，我们从弗洛伊德早期的技术论中提取了三个要素（自由联想、分析家的态度和转移），并讨论了分析过程与终结的问题。其中并没有讨论量的问题，即冲动。这是因为在前期的技术论中，讨论的对象是分析设定与过程，以及转移的修通等主题，而没有以冲动为问题。

　　而在晚期的技术论中，冲动则是核心的主题。在此，我们将从独自的观点来重新探讨后期技术论中分析过程与终结的问题。

　　在《可终结的与不可终结的分析》中，弗洛伊德列出了决定分析治疗成功与否的三个因素：创伤的影响、体质性冲动的强度和自我变容。他认为其中最重要的是第二个因素，即体质性冲动的强度。[19] 在创伤的影响起决定性作用的情况下，分析治疗最为有效。这是因为在这种案例中，通过让患者回想起创伤性记忆并处理创伤情境，就能够完全结束分析。关于最后的自我变容的概念，我已在第四章第二节有过详细论述，但这里的自我变容是指自我对强烈冲动所采取的防御机制。当然，自我变容越显著，分析治疗则越困难。

那么，弗洛伊德认为最重要的体质性冲动的强度是什么呢？这就是先前所引用的"神经症患者的状态不佳以及痛苦的原因，在于量的不调和"。神经症患者无论是从体质上还是从后天经验来看，都有着明显更强的冲动，从而导致与自我的不和谐。虽然各种冲动与自我处于冲突的状态，但如果自我的强度大于冲动的强度，各种冲动就会被自我驯化。这时，"冲动就完全处于与自我的和谐之中，受到自我中各种趋势的所有影响，冲动不再为了满足而我行我素"[20]。弗洛伊德认为，在分析工作中所进行的就是这种对冲动的"驯化"。

这里所说的各种冲动包括性冲动、压制冲动、破坏冲动等。然而，这并非全部。弗洛伊德认为死冲动才是最重要的冲动。而且，这种死冲动的临床衍生物，如受虐狂、阴性治疗反应与罪责感等，都是分析治疗终结时的最大障碍。

正如前章的末尾所述，弗洛伊德已经在《受虐狂的经济论问题》中提出了如何"驯化"死冲动的问题。然而，当时他保留了判断，并说道，"不知道该采取什么手段来驯化死冲动"。在大约10年后的《可终结的与不可终结的分析》中，弗洛伊德进一步推进了讨论，并主张在死冲动与其他冲动，尤其是与爱欲（性冲动）相混合的时候，"驯化"就会产生。换言之，死冲动通过与爱欲相结合，而被驯化为受虐狂。然而，弗洛伊德的这种观点难道不会陷入僵局吗？

在前章中，我们讨论了死冲动与爱欲相结合，并作为对他者的攻击性而外化。而且，这种攻击性会再次被内化而成为残忍的超我。如此一来，死冲动与爱欲的结合可能会对自我构成威胁，但不会产生出"驯化"的状态。此外，我们也讨论了死冲动与力比多的共同兴奋相结合，并产生出自我完结的受虐狂。作为自我封闭的享乐技术，受虐狂可以说是一种死冲动保持无害且被驯化的状态。然而，这已不再是分析治疗所要达到的目的，即死冲动的"驯化"。

那么，该如何思考在分析治疗中死冲动的"驯化"呢？我将整理迄今为止的讨论，并考虑驯化包含死冲动在内的各种冲动的机制。

如前所述，分析过程由自由联想、节奏、治疗性交流这三种过程构成。首先，自由联想这种独特的"思考形式"从空间上扩展了患者的心理领域，并赋予了思考的自由。其次，分析过程在患者与分析家之间生成一种节奏。这种节奏被内化于患者的身心功能中，患者形成了自己固有的节奏。由此，患者能够调整自己的冲动强度。最后，治疗性交流能够增强冲动的流动性与可塑性。分析家通过语言介入，能够在很大程度上改变患者的冲动形态。

在分析过程的最后，患者的心理功能将得到显著提高。而且，增强的心理功能将涵盖包括死冲动在内的各种冲动，并终结冲动这一量性因素的主导地位。这就是深层次的分析终结。当到达这一地点时，死冲动就不再作为攻击性朝向外部，也不会将罪责感植入自己内部。死冲动不再狂暴，而是以无害的状态坚守沉默。

然而，这种状态并非永久性的。在生活中遭遇的事件可能会使患者的冲动再度变得难以驾驭。死冲动会突然变得活跃，攻击性和嫉妒也可能会增强。然而，即使在这种情况下——用弗洛伊德的堤坝建设的比喻来说——通过修建新堤坝的一部分（短期的分析治疗就足够了），就能够抑制高涨的冲动洪流。

就训练分析而言，分析过程终结之后，这个人就能够以分析家的身份营生。然而，从这里开始的旅程应该是另一章所讨论的主题。

*

弗洛伊德在《癔症研究》的结尾处写了一句名言，即精神分析的目的是"将患者的病理性不幸转变为普遍性不幸"[21]。此外，在大约40年后撰写的《精神分析引论新编》中，他将精神分析治疗比作在须德海筑坝（每次北海泛滥都会给荷兰造成巨大损失），并将其变成艾瑟尔淡水湖的填海工程。[22] 这是"驯化"冲动的绝佳比喻。不言而喻，前者与前期技术论的治疗理念，后者与后期技术论的治疗理念相关。

然而，从分析治疗的角度来看，这两种治疗理念都不够充分。弗洛伊德自始至终都强调量的观点，而关于质则只关注快感与不快的问题。然而，如果导入节奏的元素，就能够将更加不同质的情感理论化，例如喜悦。

如果能够充分提高患者的心理功能，就不仅是"将患者的病理性不幸转变为普遍性不幸"，患者也能够在这种不幸的"现实"中享受生活。弗洛伊德所欠缺的是以下这种见解，即无论我们患有多么严重的精神疾病，通过分析治疗而提高心理功能，不仅能使"病理性不幸"转变为"普遍性不幸"，还能够让我们在生活中发现更多的喜悦。

弗洛伊德对自己的名字（Freud）与喜悦（Freude）的关联而感到苦恼。例如，他在《日常生活的精神病理学》中曾写道，"如果硬将我的名字翻译为法语，大概也必须会被译为 Joyeux（喜悦的）"[23]。具有忧郁气质的弗洛伊德，乍看之下似乎与喜悦无关。然而，鉴于喜悦本是一种既不漠视现实，也不屈从于现实，而是派生于正视现实的态度的情感，那么或许可以说，弗洛伊德的一生与喜悦息息相关。

在我看来，精神分析是一种与生的喜悦紧密相连的治疗方法。因此，精神分析创始人的名字与喜悦相关似乎非常合适。

注　释

1　Sigmund Freud, „Zur Einleitung der Behandlung", GW-VIII, S. 454.

2　Ibid., S. 463.

3　弗洛伊德在《释梦》中写道，患者的自由联想"就像目睹织工在思想工厂中编织杰作一样"，并引用了歌德的《浮士德》的以下段落（GW-II/ III, S. 289）："其实思想的工厂和织工的巧妙一般，用脚一踩便千丝动转，梭儿不停地来回穿，在眼不见中沟通经纬线，一拍就使千丝万缕相接连。"

4　Freud, *Studien uber Hysterie*, GW-I, S. 293.

5　Sigmund Freud, „Ratschläge für den Arzt bei der psychoanalytischen Behandlung“, GW-XIII, S. 376-387.

6　我们在序章中对这一点有另外的表述，即"分散的注意力和基于此的低注意力"，正是分析家的基本姿态。

7　Sigmund Freud, „Zur Dynamik der Übertragung“, GW-XIII, S. 366-371.

8　另一篇晚期的技术论文《分析中的构建》与其说与临床文本，不如说在内容上与《摩西与一神教》的联系更加密切。

9　训练分析的例子包括：费伦齐（约 21 周的分析）；治疗分析中的"狼人"（与弗洛伊德进行了四年半的分析，五年后又进行了一次短期分析，之后又接受了露丝·马克·布朗斯威克四个月的分析）；伊丽莎白·冯·R.（接受弗洛伊德的分析后痊愈，12 年后复发）。

10　Freud, „Die endliche und die unendliche Analyse“, GW-XVI, S. 62.

11　弗洛伊德的这篇文章是在费伦齐的《分析终结的问题》（1928）的影响下写成的（Sándor Ferenczi, „Das problem der Beendigung der Analysen“, Int. Z. Psychoan., XIV, 1, 1928）。

12　Freud, GW-XVI, S. 71.

13　参见本书第二章。

14　Freud, „Das ökonomische Problem des Masochismus“, GW-XIII, S. 372.

15　Freud, „Abriß der Psychoanalyse“, GW-XVII, S. 68.

16　Freud, GW-XIII, S. 372.

17　我并不认为这些互动类似于丹尼尔·斯特恩的情感调节。节奏不能还原为母子关系这种"过于人类的"模型。节奏超越了人类活动，它无处不在，并赋予场所以动态的秩序。关于节奏，可参见路德维格·克拉格斯的《节奏的本质》（杉浦实译，Misuzu 书房，2017 年），以及山崎正和的《节奏的哲学笔记》（中央公论新社，2018 年）。

18　Freud, „Abriß der Psychoanalyse“, GW-XVII, S. 110.

19　Freud, GW-XVI, S. 68.

20　Ibid., GW-XVI, S. 69.

21　Freud, *Studien über Hysterie*, GW-I, S. 312.

22　Freud, *Neue Folge der Vorlesungen zur Einführung in die Psychoanalyse*, GW-XV, S. 86. 须德海的填海工程与这本书完成于同一年（即 1933 年）。

23　Sigmund Freud, *Zur Psychopathologie des Alltaglebens*, GW-IV, S. 166.

终　章

分析家的日常

迄今为止，我们追寻了弗洛伊德思考的步伐，最后我们将回顾他的一生。目前，代表性的日语传记包括《弗洛伊德的一生》（欧内斯特·琼斯）、《弗洛伊德：生与死》（马克斯·舒尔）、《弗洛伊德》（彼得·盖伊），以及《西格蒙德·弗洛伊德传》（伊丽莎白·卢迪内斯库）等。弗洛伊德的庞大书信集也是了解他的重要资料来源。阅读这些书信，会浮现出何种弗洛伊德的人生呢？

从这些资料中得到的启示因人而异。弗洛伊德的一生可谓波澜壮阔，起初作为一名神经学者开拓事业、在医学界孤立无援、与多位友人及同事的结交与诀别、创立并发展自己的学说、与弟子发生争执、经历多次癌症手术、受到纳粹的迫害、流亡伦敦等。然而，弗洛伊德的生活却出人意料地单调。弗洛伊德在谈到自己的一生时写道："表面上看没有什么波澜起伏，而内在也空洞无物，只要列举几个日期，就可以概括一切。"（1919 年 8 月 10 日，致爱德华·伯内斯*的信）此外，琼斯和盖伊也注意到与内心激烈的戏剧性不同的，是弗洛伊德生活中令人惊讶的单调性。这就是分析家这一职业所要求的单调性。弗洛伊德在《释梦》中指出，克洛德·贝尔纳**的生理学研究室的标语"像野

---

* 爱德华·伯内斯（Edward Bernays, 1891—1995），奥地利、犹太裔美国公共关系学家，公共关系领域的先驱，被誉为"公共关系之父"。著有《传播学》，其学说主要受古斯塔夫·勒庞和威尔弗雷德·特罗特的群众心理学研究，以及其舅舅弗洛伊德的精神分析理论所影响。——译者注

** 克洛德·贝尔纳（Claude Bernard, 1813—1878），法国生理学家，定义"内环境"（milieu intérieur）的第一人，也是首次提倡用双盲实验确保科学观察的客观性的人物之一。——译者注

兽一样工作"（travailler comme une bête）是分析家必须具备的基本态度。弗洛伊德生活的单调性就是野兽的单调性。

在弗洛伊德写给弗利斯的信中，有以下一段话："我已经几乎没有人样了。晚上 10 点半结束诊疗后，我就累得半死。"（1896 年 2 月 13 日）

在白天，他专注于分析工作；到晚上，他就用余下的精力埋头从事理论研究——这就是弗洛伊德的日常。他就这样坚持了一辈子。

弗洛伊德真正成为一名精神分析家——不是在制度意义上，而是在本质意义上——是在 1910 年代前期到后期。在这一时期，他通过治疗以"五大个案"为首的诸多患者，在临床上日趋熟练，并将日常生活的大部分时间用于分析技术的探讨和分析理论的构建。彼时，他的日常生活如下所示。

弗洛伊德每天早上 7 点起床，淋浴洗澡以提振精神后，吃一顿简单的早餐。然后，早上 8 点走进位于伯格巷 19 号的住所兼办公室的二楼会诊室，与患者进行分析到中午 12 点。之后，他与家人共进午餐，并外出散步以放松心情，下午 3 点返回会诊室。此后，他继续分析患者，一直持续到晚上 9 点。之后，他再次与家人一起用餐，结束后便进入书房。为了驱赶睡意，他反复用冷水洗脸，并抽根雪茄。然后，他先是写书信，再埋头写论文。他总是在凌晨 1 点后才入睡。

这就是他生活的全部。这种生活像钟表一般持续了近 40 年。晚饭后的塔罗牌游戏是一种朴素的消遣，而周末的登山和采蘑菇，以及夏季的意大利之旅等则是治愈日常工作疲惫不堪的休假乐趣。

弗洛伊德白天的工作是临床上的营生，而他晚上的工作则是将白天获取的经验理论化。这两项工作构成了其事业的两环。大部分的分析家都无法理解弗洛伊德思考的范围之宽广。对那些认为白天的工作才是精神分析本质的分析家来说，唯一重要的是与患者的心理交流，而弗洛伊德夜间的工作只不过是不切实际的思辨。而那些只对弗洛伊德夜间的理论感兴趣的人，并不认为白天那令他身心俱疲的营生与其理论的本质有直接关系。然而，如果没有这两环，就没有精神分析家的工作。这就是成为一名分析家的必经之路。这对弗洛伊德来说是理所当然的，而如今却被视为一种特殊的工作方法。

在这种单调的生活中，他到底想成就什么呢？对我们这些一直跟随弗洛伊德的人来说，其意义再明显不过了。他通过自己的生活展现了分析家这一职业的精神气质。那么，分析家是一种怎样的职业呢？这是在日常的临床工作中修炼、磨砺和习得自己的心灵、思考与身体的事业。日复一日，以同样的方式回顾昨日的分析，修正自己的错误和歪曲。为了给分析注入新的气息，调整自己的身心状态。经过一天令人身心俱疲的分析工作之后，到晚上再对一天的临床经验进行理论性总结。日复一日地重复这种单调的工作。这就是野兽的单调性。在经历彻底的自我探寻与陶冶之后，一个人就能够成为分析家。

弗洛伊德在去世前两个月，仍坚持一天分析三位患者。考虑到他年老多病，为躲避纳粹迫害而在异国他乡进行临床工作，这一数量并不算少。然而，当他的口腔癌症溃烂发臭，甚至连爱犬都不愿意靠近他时，他才终止了作为一名分析家的生活。

他单调的生活结束了。然而，即便癌症持续恶化，他也拒绝服用止痛药，并认为"如果不能清晰地思考，自己宁愿在忍耐痛苦中思考"。接连不断的工作和每天的写作就是弗洛伊德的一生。对弗洛伊德来说，最可怕的莫过于因患病而力不从心，无法开展自己的工作。在1910年3月写给奥斯卡·普菲斯特的信（本书开头的序章）中，他写道，自己的生命已经与分析家融为一体，他唯一的愿望就是像麦克白国王那样"奋斗至死"。在最后一个月里，他无法进食，但还能阅读。后来，他向友人医生马克斯·舒尔请求道："如果我的女儿安娜同意的话，那就结束吧。"随后，友人医生注射了 30 毫克吗啡，弗洛伊德便陷入了沉睡。在书桌上，凌乱地放着一堆未完成的手稿，以及他最后阅读的巴尔扎克的《驴皮记》。

后　记

　　作为一名分析家，10多年前我就想与弗洛伊德的作品展开全面对决。就现代分析家的作品而言，无论多么刁钻的文本都是弗洛伊德的一种变体。只要着眼于"超越"弗洛伊德的过程，并按照一定顺序去阅读，就能理解它，而不会犯下重大错误。首先是作为文本，积累了分析经验之后，就能够从临床经验上理解它。然而，如果以弗洛伊德的著作为对象，加之他是精神分析的创始人，这种小把戏就行不通了。经常出现的情况是，即使人们试图通过阅读尽可能多的原始资料以及二手和三手资料来了解弗洛伊德作品的核心，也难以望其项背。面对弗洛伊德的文本，不仅考验读者的能力与经验，还从根本上考验了挑战者的觉悟。自从被这位名副其实的天才的魔力所吸引，我就对此感同身受。

　　序章的原稿写于2012年。之后再读，本书的基本观点都可以在序章中找到。我过着一种与弗洛伊德几乎完全相同的生活方式，在实践精神分析临床的同时，试图深化这一构想。然而，在经历一两年的尝试之后，我的写作失去了方向，并怀疑自己写的东西到底会有什么结果。后来，我艰难地写出了第一部分的文章，但我已经有一种预感，如果继续沿着这个方向写下去，最终就会陷入一个迷宫。事实上，在完成第一部分之后，我就无法写出关于弗洛伊德的任何连贯的内容了。由于过度的拘谨、难以更正的执念和疲劳导致的感官错乱，我经常处于萎靡不振的状态。我花了大约 6 年才走出这种状态。可以说在这 6 年里，无论做什么，这本书片刻都未离开过我的脑海。但最终，对弗洛伊德的阅读与我的临床经验开始产生共鸣，写作进程加快，出路也逐渐变得清晰。在第一部分与第二部分之后，写作风格之所以改变，是因为在此期间我的内心世界也发生了变化。

在此汇集成书的内容与我最初的构想大相径庭。尽管我能够在遵循弗洛伊德临床经验的核心道路的同时，为提出一些新的论点而感到自负，但仍有许多观点未被充分讨论。每当写一本书时，我都认为在写作的过程中，我作为一名分析家获得了重生。当然，日常的临床活动也在重塑我的分析家身份，但这些活动的积累并不能让我跨越决定性的门槛。尽管如此，奋笔疾书可能使人成为作家，但不会使人成为分析家。在实践分析的同时执笔写作——这两项工作并行不悖，使我作为一名分析家获得了重生。这正是弗洛伊德所教授给我的。

在撰写本书的过程中，我得到了精神分析同行们的极大鼓励，尤其是松木邦裕和藤山直树，在日本以精神分析为事业是极为罕见的。当我在《思想》杂志（岩波书店）上发表本书的部分内容时，讲谈社编辑部的互盛央夫先生给予我有益的反馈。他也是《本我的谱系》的作者，与他的交流对我来说非常宝贵。

当我决定认真研究弗洛伊德时，三津书房编辑部的铃木英果女士适时地鼓励我写一本关于弗洛伊德的书籍。铃木女士对我异常的延迟写作给予了悉心指导。在写作过程中我一直给她添麻烦，如果没有铃木女士的热情支持，我大概早就放弃了这项工作。在此，我衷心感谢铃木女士。最后，就我个人而言，如果没有我的妻子与来年上初中的女儿的理解和鼓励，我是不可能写出这本书的。谨将此书献给我的妻子与女儿。

十川幸司

2019 年 7 月

译后记

　　就我个人而言，本书是一本真正意义上的弗洛伊德"入门"书籍。这里所说的"入门"并不意味着对精神分析的理论知识或技术概念的基本掌握，而是指对弗洛伊德思想的生成过程以及精神分析核心经验的一种理解和顿悟。本书之所以能达到后一种效果，是因为作者十川幸司在很大程度上是跟随着弗洛伊德的步伐，与他一起思考，而非仅将其文本作为客观理论来研究。如保罗·利科所言，"如果仅通过文本来阅读弗洛伊德，则可能陷入偏颇的文本理解或单纯的文献考察的误区之中；而另一方面，如果将对弗洛伊德的阅读限定于实际的临床情景中，则会扁平化其文本所具有的多种侧面"。而十川正是在理论与临床经验之间来回往复，以临床经验为基准，来解读及更新弗洛伊德的作品，使之与现代临床相接续。

　　以毫不妥协的方式直面弗洛伊德的文本，并在错综复杂的理论构建中读取出其不同时期思想的发展脉络，考验的不仅是学术上的严谨性和对精神分析文本近乎炉火纯青的理解，更考验了挑战者的觉悟与魄力。而以精神分析的临床经验为起点和支撑点，则更是难能可贵。在日本，从1930年代最初的引入到现在，精神分析的理论与临床一直都处于二重化的隔绝状态。这在某种程度上也类似于日本文化中"表"与"里"的二重性。在日本，关于精神分析理论的二次文献可谓汗牛充栋，精神分析的思想也早已渗透进人文社科的研究与交流中。此外，《弗洛伊德全集》也在 10 多年前由许多著名的日本精神病学家和心理学家直接从德语翻译为日语。

精神分析在日本的传播和本土化理应具有非常坚实的理论基础，但至今（以及在将来很长一段时间内）仍处于边缘弱势的状态，不被主流话语所接受。究其原因，除了受到日本高度发达且僵硬的精神医学体制的空间挤压，以及日本文化本身对精神分析的抵抗，更值得一提的是精神分析临床实践的匮乏（当然，分析实践的匮乏在很大程度上是前两者的效果）。临床实践的匮乏不仅不利于精神分析的传播，更对精神分析的理论发展有着致命威胁。因为一旦脱离临床，理论就很容易变成一套教义，以致滑入妄想的构建之中。

本书作者十川幸司是日本为数不多的个人执业的精神分析家之一，精神科医师出身的他本可以在日本发达的精神医学体制内享有一席之地，而他却选择在精神分析的荒漠开拓出一片绿洲，并几十年如一日地坚持临床实践与理论构建的交错并行，重复着充满"野兽的单调性"的日常生活。从最初构想到装订成册花了近 10 年的时间，本书就是在这样的背景下形成的。

十川将书名定为《弗洛伊德的步伐》，原因之一在于弗洛伊德经常把自己的思考过程比作步伐。在《释梦》的第三章开头，弗洛伊德写道："当我们穿过一条峡谷，爬上一片高地，大路向不同方向延伸，美景尽收眼底时，我们最好能暂停片刻，考虑下一步应该选择什么。这正是我们现在的处境，因为我们已爬上释梦的第一个顶峰。这个突然的发现使我们耳目一新。"在《自我与本我》开头处，他则表示"这篇文章是这种思考步伐的延续，它始于一个令人振奋的展望"。而在《超越快乐原则》的结尾处，弗洛伊德引用了哈里里的诗句："不能飞行达之，则应跛行至之，圣书早已言明：跛行并非罪孽。"本书的目的不是按年代顺序整理弗洛伊德的著作，而是跟随弗洛伊德的步伐，在跛行的过程中重新发现精神分析思考的潜能与未来。

本书的序章可被看作追寻弗洛伊德步伐的前提性纲要，以及对书中基本观点的概括性总结。我在此不做赘述，只想重复作者所强调的一点，即本书主要参照的是中期和后期的文本。以《科学心理学大纲》为代表的初期文本之所以不在考虑范围之内，是因为这一时期的作品主要依据的是神经心理学的方法，此方法由当时的科学话语所驱动，难以与今天的精神分析临床相接续。而中期和后期的文本不仅在理论上蕴含着进一步探讨的可能性，更在作者的亲身体验中推进了关于临床实践的思考。

在追寻弗洛伊德步伐的过程中，尽管十川在表面上以倒错的问题为主导线索（例如，第一部分中作为倒错底片的神经症、第二部分的自恋性倒错和第三部分的受虐狂问题），但这三部分的内容与其说是探讨了倒错的症状及病理结构，不如说是阐明了作为倒错论基石的冲动论在弗洛伊德思想中的生成与变迁。粗略概括的话，我们可以认为第一部分主要是关于部分冲动的讨论，第二部分是关于自我保存冲动的讨论，而第三部分则是关于死冲动的讨论。

在第一部分中，作者从弗洛伊德的三大个案（"朵拉个案"、"鼠人个案"和"狼人个案"）出发，重新探讨了压抑和情感反转等元心理学概念，并结合自己的临床个案，导出了位于神经症下层的倒错论谱系。换言之，在癔症的下层存在着两性特质—阉割情结—恋物癖这一以阳具为核心的倒错论谱系；而在强迫性神经症的下层，则存在着朝向肛门施虐期的退行—冲动的主动性与被动性—施虐狂与受虐狂这一以冲动为起点的倒错论谱系。十川主张，在弗洛伊德关于神经症的理论构建中，潜藏着这两条倒错论的谱系。这一观点本身极具创新性，并使弗洛伊德的理论跳脱出俄狄浦斯情结的窠臼。与此同时，十川通过两个亲身经历的临床个案，不仅印证了弗洛伊德的理论，更在某种程度上对其进行了修正与更新，展现了其在临床实践与理论构建中来回往复的思考运动。如本书所述，这正是一位真正的分析家应该践行的思考模式。

第一部分聚焦弗洛伊德初期（直到 1910 年为止）的步伐，而第二部分则主要考察了以《自恋导论》、《元心理学论》和《自我与本我》为首的中期（1910 年代）文本，从而深入探讨了自恋倒错、自恋性神经症（精神病）和自我生成等核心问题。第二部分的前半部分（第三章）的主要论点是精神病中自我相对于现实的问题。以著名的"施瑞伯个案"为例，弗洛伊德认为偏执狂（或妄想痴呆）发病的核心特征在于现实的丧失，并将其类比于自恋倒错中力比多的投注。换言之，弗洛伊德认为偏执狂是一种由次级自恋所引发的疾病，其中力比多从现实对象上撤离（因此无法通过分析治疗），而变得自由的力比多则返回自我，对自我的过度投注则导致了自我机能的障碍，于是自我丧失了现实检验能力。这里主要参考了自恋理论的精神病论。而在 1924 年的文本《神经症与精神病》、《神经症与精神病中的现实丧失》，以及 1927 年的《恋物癖》中，弗洛伊德则将对现实知觉的否认视作精神病病理的核心。弗洛伊德指出，在否认现实并创造出另一个现实这一点上，恋物癖与精神病具有相同的机制。由此，作者十川总结出两种精神病论，即以自恋倒错为起点的精神病论和以恋物癖倒错为起点的精神病论。而后者则与第一部分中关于恋物癖的倒错论谱系遥相呼应，可以将其视为恋物癖倒错在精神病论中的延续。

第二部分的后半部分（第四章）主要探讨了自我概念的生成及变迁的过程。自我并非从一开始就存在，而是通过初级自恋的机制对最初存在的自体情欲冲动加以约束，才诞生了自我的功能。关于自我的发展与变迁，十川特别讨论了"自我变容"这一概念。"自我变容"的概念仅在弗洛伊德的几个文本中零星出现，并没有被严密论述。此概念最初是在《哀悼与忧郁》的论文中，作为一种假说而成型的。据此假说，在忧郁症中，当与所爱对象的关系发生破绽时，从这一对象撤离的力比多不是朝向其他对象，而是折返自我（次级自恋）。并且，折返自我的力比多会被用于自我与被放弃对象的认同之中。换言之，对象选择被认同所置换。自我变容就是指对象选择被认同所替代后自我发生变化的过程。自我变容的认同机制在《哀悼与忧郁》中是作为忧郁症发病的核心特征而被论述的，但在《自我与本我》中则被普遍化，作为自我和超我形成（超我最初源于儿时对父母的认同）的关键机制。十川进一步指出，自我变容不仅对自我，而且对精神场域的整体（第二地形学的本我—自我—超我）皆具有效力，因此"自我变容"的过程，应被称作"自己变容"。然而，弗洛伊德不认为仅通过自我变容，自我就能够发生变化，并指出自我在其一生中"通过经验而丰富自身"。十川将前者称作认同的"减法自我变容"，将后者称作经验的"加法自我变容"。

弗洛伊德围绕自我变容的思考并没有止步于《自我与本我》，而是延伸至后期的文本《可终结的与不可终结的分析》（1937）。可以说《自我与本我》是以自我形成的初期为问题，而《可终结的与不可终结的分析》则是以俄狄浦斯期以后的自我变容及其多样性与治疗侧面为问题。

与此同时，《自我与本我》对超我的讨论也是不充分的。超我不能被完全还原为监视并鞭策自我的批判审级，在创造另一种现实这一点上，超我发挥了重要作用。弗洛伊德在1927年的短文《论幽默》中，纠正了对超我的刻板印象。其中，超我不仅是责罚和残忍的代名词，亦是产生幽默态度的关键机制。幽默是指逃离或漠视当下苦境，并创造出另一种现实的乐观态度。在这一点上，十川指出幽默的态度是精神病式的，但同时强调了幽默态度与精神病之间的差异。幽默的态度确保了精神健康的基础，这种健康不是单纯的健康，而是"异常的"健康。弗洛伊德在《神经症与精神病的现实丧失》中，将健康定义为："与神经症一样不否认现实，同时与精神病一样试图改造现实的态度。"但无论是神经症还是精神病，与现实相关联的方式都带有悲剧性色彩。而幽默本身作为一种乐观态度，则能够在与当下现实保持距离的同时创造出另一种现实，展现出一种"异常的"健康心态。

关于幽默背后的机制，弗洛伊德建立了以下假说，即心理重心由自我转移至超我，力比多分配从自我转移至超我，如此一来，膨胀的超我便能够轻而易举地抑制自我对外部现实的反应可能性。在超我看来，就如同大人看小孩子的烦恼那般，自我的胆怯和烦恼不值一提。幽默态度的可能性正是处于这种能量从自我转移至超我的过程中，即处于自己的整体结构中。因此，十川将幽默称作一种"自己技术"。这种"自己技术"不仅能够使心理功能得到显著提高，更能够使个人跨越人类命运的悲剧性，因为这种以超我为中介的自己技术并不依托于超越性的他者，而是靠自己来创造出新的现实。

第三部分主要考察了与死冲动密切相关的施虐狂和受虐狂之谜。与前两部分一样，作者在参照弗洛伊德文本的同时提出了许多崭新的观点。第三部分的前半部分（第五章）通过分析在临床实践中遇到的"一个被照顾的孩子"这一幻想，并将其与弗洛伊德的"一个被打的孩子"这一原初幻想进行对比，在参照拉普朗什的一般诱惑理论的基础之上，进一步考察了人类性欲的生成模式。在此过程中呈现了一个重要的论点，即人类的性欲是通过母亲的照顾这一创伤性介入（他者的介入），以受虐狂的形式被构成的。换言之，面对母亲的照顾（成人的性欲）的介入，孩子只能处于被动的状态，并将其内化于自身，由此才能登陆成人的性欲世界。成人的性欲在本质上对孩子来说是具有创伤性的。当成人的性欲作为一种激情入侵孩子的世界时，对孩子来说就会产生"被打"的痛感体验，这也体现在"一个被打的孩子"这一幻想中。其中，"被打"的受虐狂表象不应被视为性受虐狂，而应被视为成人的性欲世界给孩子带来的痛感。

弗洛伊德在1910年代的性欲理论的特征是"依托"理论以及人类性欲的生成模式，后者通过他者的介入而以受虐狂的形式被构成。然而，随着1920年代的超越论转向，死冲动这一对精神分析的命运起决定性作用的概念被首次提出，与之密切相关的（内在）受虐狂理论也得到了进一步探讨。因此，1920年代的性欲理论与1910年代的性欲理论在本质上有着巨大差异。在1910年代的性欲理论中，性冲动依托于自我保存冲动而诞生，两者处于依托的关系中；而在1920年代的性欲理论中，生冲动与死冲动构成了混合与分离的关系。此外，1910年代的性欲理论以经由他者的受虐狂模式为特征，而1920年代的性欲理论则以无他者的受虐狂模式为特征。后者在理论上无疑是更加激进的，这与死冲动的发现有着千丝万缕的联系。如弗洛伊德所言，"死冲动停留在有机体的内部，被力比多的共同兴奋所约束。正是在这一点上，我们不得不承认性源（内在）受虐狂的存在"。对此，十川解释道，如果死冲动所带来的刺激（痛苦）超过一定的阈值，便会以力比多的共同兴奋为媒介来产生性兴奋。这种性兴奋是作为不快的快感，可效仿拉康称其为享乐。而且这种力比多的共同兴奋构成了受虐狂的生理性基础。弗洛伊德曾简明扼要地说道，"受虐狂是死冲动与性欲相结合时的证人"。死冲动与受虐狂之间的关系可见一斑。

在弗洛伊德后期的性欲理论（冲动理论）中，构成人类性欲的普遍条件是死冲动和内在受虐狂。而这种由力比多的共同兴奋所产生的受虐狂，在获取享乐时已不再需要他者。享乐以痛苦为源泉，并且是自我封闭的。由此，弗洛伊德设想了无他者的性欲可能性。就理论而言，内在受虐狂代表了无他者的享乐经验。

如上所述，1910 年代的性欲理论与 1920 年代的性欲理论的一个主要分歧点就在于有无他者的媒介。在治疗方面，由于前期的性欲理论中他者的介入，即便在主体那里引发了病理情况，仍可以通过与他者（治疗师）的关联（对话）而去除病灶。然而，由于后期的性欲理论中没有他者的介入，主体处于自我封闭的状态，因此难以以一般的分析技术来治疗。如何干预并治疗这种病理，弗洛伊德并没有做过多说明。然而，十川从弗洛伊德后期的文本《受虐狂的经济论问题》与《可终结的与不可终结的分析》中，提取出两个关键要素，即冲动的"驯化"与节奏的问题。弗洛伊德将冲动的"驯化"描述为以死冲动为首的诸多冲动不再为了满足自己而我行我素，但关于"驯化"的方法和手段，弗洛伊德只表明了"不易对此作出回应"的悲观见解。节奏则是一个与刺激的质性相关的问题。弗洛伊德在《受虐狂的经济论问题》中表示，只从量的方面来考虑冲动是不够的，因而有必要导入质的观点。而给冲动带来质性变化的就是节奏。他坦言道："质性也许是节奏，即刺激量的变化、增大与减小所展示的时间经过，但我并不确定。"如十川所言，节奏对精神分析的理论与临床皆具有重大意义。尽管在目前看来，节奏貌似是一个边缘化的问题，但就以一种不同于一般分析技法的方式来调节冲动，并为其提供可塑性的点而言，可以说节奏的问题是今后的精神分析中重大的理论与实践课题。

与前三部分所处的倒错论（冲动论）脉络不同，第四部分主要探讨了分析的技术与终结的问题。在弗洛伊德前期的技术论中，精神分析的目的是"将患者的病理性不幸转变为普遍性不幸"；而在后期的技术论中，分析的目的则是通过精神分析治疗这种堪称修建堤坝的工程，来提高患者的心理功能以抵御冲动的洪流。然而，十川认为这两种治疗理念都不够充分，并主张如果导入节奏的元素，就能够使喜悦的情感理论化。如作者所言，喜悦是一种既不漠视现实，也不屈从于现实，而是派生于正视现实的态度的情感。具有忧郁气质的弗洛伊德，乍看之下似乎与喜悦无关，但他的名字（Freud）本身就与喜悦（Freude）相关联。与此同时，精神分析亦是一种与生的喜悦紧密相连的治疗方法。被本书中记载的临床案例所打动的读者们，想必对这一观点应该会表示赞同吧。

最后，我想特别感谢本丛书主编李新雨老师和拜德雅图书工作室的邹荣编辑对引进本书的支持以及对我的宽容与理解。通过阅读并翻译这本书，我就像重新认识了精神分析和弗洛伊德一般，并在跟随弗洛伊德和作者的步伐的过程中受到了许多启发，甚至感到一丝喜悦的情感。我希望通过翻译这本书，能够让更多的读者体会这份喜悦。尽管在做这份翻译工作时我竭尽全力恪守"信""达"的原则，但仍有许多不足甚至错漏之处。如有发现问题，恳请大家不吝赐教。

莫唯健

2024 年 4 月于京都

图书在版编目（CIP）数据

弗洛伊德的步伐：分析家的诞生 /(日)十川幸司著；
莫唯健译. -- 上海：上海三联书店，2025.4.
ISBN 978-7-5426-8844-6

Ⅰ. B84-065

中国国家版本馆CIP数据核字第2025UD7851号

弗洛伊德的步伐
分析家的诞生

［日］十川幸司　著
莫唯健　译

责任编辑 / 苗苏以
特约编辑 / 邹　荣
封面设计 / 闷　仔
内文制作 / 史英男
责任印制 / 姚　军
责任校对 / 王凌霄

出版发行 / 上海三联书店
　　　　（200041）中国上海市静安区威海路 755 号 30 楼
邮　　箱 / sdxsanlian@sina.com
联系电话 / 编辑部：021-22895517
　　　　　发行部：021-22895559
印　　刷 / 山东临沂新华印刷物流集团有限责任公司

版　　次 / 2025 年 4 月第 1 版
印　　次 / 2025 年 4 月第 1 次印刷
开　　本 / 889mm×1194mm　1/32
字　　数 / 163 千字
印　　张 / 6.25
书　　号 / ISBN 978-7-5426-8844-6/B·951
定　　价 / 58.00 元

如发现印装质量问题，影响阅读，请与印刷厂联系：0539-2925659。